L'ART DÉCO

Une esthétique émancipatrice

5-7, rue de l'École-Polytechnique ; 75005 Paris

http://www.librairieharmattan.com
diffusion.harmattan@wanadoo.fr
harmattan1@wanadoo.fr

ISBN : 978-2-296-09172-6
EAN : 9782296091726

Isabelle PAPIEAU

L'ART DÉCO

Une esthétique émancipatrice

L'Harmattan

Collection Logiques Sociales

Série Sociologie des Arts
Dirigée par Bruno Péquignot

Comme phénomène social, les arts se caractérisent par des processus de production et de diffusion qui leurs sont propres. Dans la diversité des démarches théoriques et empiriques, cette série publie des recherches et des études qui présentent les mondes des arts dans la multiplicité des agents sociaux, des institutions et des objets qui les définissent. Elle reprend à son compte le programme proposé par Jean-Claude Passeron : être à la fois pleinement sociologie et pleinement des arts.
De nombreux titres déjà publiés dans la Collection Logiques Sociales auraient pu trouver leur place dans cette série parmi lesquels on peut rappeler :

THÉVENIN Olivier, *Sociologie d'une institution cinématographique*, 2009.
BORGES Vera, *Les comédiens et les troupes de théâtre au Portugal*, 2009.
BRANDL Emmanuel, *L'ambivalence du rock : entre subversion et subvention. Une enquête sur l'institutionnalisation des musiques populaires*, 2009.
BARACCA Pierre, ROUSSELGeneviève, TRAN VAN-NORY Marie-Claire, *Arman un entretien d'artiste (2004). Le texte et ses conditions de production*, 2008.
GAUDEZ Florent (sous la dir.), *Les arts moyens aujourd'hui*, 2 volumes, 2008.
PÉQUIGNOT Bruno, *Recherches sociologiques sur les images*, 2008.
ROLLAND Juliette, *Art catholique et politique*, 2007.
BRUN Jean-Paul, *Nature, art contemporain et société : le Land Art comme analyseur du social*, troisième volume, *Réseaux sociotechniques, monde de l'art et Land Art*, 2007.
GIREL Sylvia et PROUST Serge (sous la dir.), *Les usages de la sociologie de l'art : constructions théoriques, cas pratiques*, 2007.
FABIANI Jean-Louis, *Après la culture légitime. Objets, publics, autorités*, 2007.
PEQUIGNOT Bruno, *La question des œuvres en sociologie des arts et de la culture*, 2007.
REDON Gaëlle, *Sociologie des organisations théâtrales*, 2006.
BRUN Jean-Paul, *Nature, art contemporain et société : le Land Art comme analyseur du social*, deuxième volume, *New York, déserts du Sud-ouest et cosmos, l'itinéraire des Land Artists*, 2006.
PAPIEAU Isabelle, *Art et société dans l'œuvre d'Alain-Fournier*, 2006.

Plus discret, moins médiatisé et popularisé que l'art médiéval, Renaissance ou classique (riche ferments culturels d'une Histoire exceptionnelle et de notre mémoire rhizome), l'Art Déco a pourtant laissé, en France, des traces patrimoniales.

Paris, Vichy, Reims, Amiens, Roubaix, Biarritz, Vierzon, Bourges… Autant de villes que l'Histoire singularise mais que fédère l'exaltation pour un mouvement artistique en rupture avec les valeurs académiques. Au hasard des rues de la capitale, d'une station thermale, balnéaire, des cités reconstruites après la Grande Guerre ou influencées par un artisanat d'art de proximité, le regard vagabond peut soudain, subrepticement, se poser sur une façade aux lignes ordonnées mais, en symbiose avec sa décoration fertile tant au niveau du choix des motifs que de la sobriété raffinée des frises.

Qui n'a gardé le souvenir ému et nostalgique de la découverte, dans l'antre du havre familial, de cartes postales ou de catalogues des « Années Folles », précieusement lovés dans des albums ou des boîtes en carton : autant d'images – exhalant un doux parfum désuet de poudre de riz – de mannequins campés sur la page et transcendés dans un kaléidoscope de perles, de franges, de strass, de plumes, autant d'empreintes suaves et mélancoliques de la mode qui fit rêver nos aïeux …

La confrontation à l'architecture « Art Déco » interpelle. Elle ne peut laisser indifférent à ce mouvement qui a voulu toucher aussi bien le *design* que les concepts architectoniques, d'autant plus qu'il apparaît comme un contraste brutal avec la débauche décorative du style « Art Nouveau » qu'il voisine, parfois, au hasard de l'urbanisme…

« *L'Art Nouveau est né d'une volonté de la société de changer de décor, de ne plus emprunter son décor aux styles historiques, mais d'avoir son décor à elle, nettement caractéristique, nettement nouveau* »[1]. Ce mouvement artistique – qui marqua le tournant des XIXème et XXème siècles – est, cependant, perçu comme l'espace où ont convergé

« *deux tentatives totalisantes, contemporaines* » provenant respectivement de la peinture avec William Morris, Paul Gauguin, Gustav Klimt, et de l'architecture, avec Antoni Gaudi, Victor Horta et Hector Guimard [2]. L'Art Nouveau est demeuré, avant tout, inspiré par le Symbolisme et a été servi par des peintres dont certains ont puisé leurs sources dans le Préraphaélisme. Ce fut, par exemple, le cas de Walter Crane qui, bien qu'attiré par le japonisme, resta fasciné par le Quattrocento et cette approche du Naturalisme dont les Préraphaélites ont fait l'une de leurs spécificités[3] ; tel fut aussi le cas de Jan Toorop (classé « hypersymboliste ») : autant d'itinéraires artistiques valorisant l'idée que « *tant les tics "idéistes"* » du symbolisme y ont composé avec les « *tics "formatistes"* » du synthétisme et de l'Art Nouveau, un croisement d'idées portant autant vers les Primitifs flamands que vers le Néo-Impressionnisme, en passant par les Préraphélites. Pour la création des vitraux de l'église de Stenhof, Koloman Moser s'appuiera lui aussi pour ses références – tout comme Gustav Klimt – sur l'œuvre de Burne-Jones. Si le symbolisme a, en partie, orienté l'Art Nouveau, il est intéressant de s'interroger sur la nature des courants artistiques qui vont influer l'Art Déco dont l'émergence est indissociable, dans les esprits, de l'Exposition Internationale des Arts Décoratifs et Industriels modernes de Paris (en 1925) et qui va, de 1920 à 1939, empreindre à la fois, l'architecture et les Arts plastiques. Comment peut-on, de plus, expliquer les raisons du contraste exacerbé qu'affichent les créations « Art Déco », jouant sur le registre des oppositions : l'épuration maximale des lignes et le luxe prolixe des matières usitées ?

Gustav Klimt est devenu, comme nous le savons, la figure emblématique de la Sécession viennoise. Cette « Sécession » imprimera un vrai tournant inspirateur international dans l'histoire de l'Art : un tournant éclos à Vienne et engendré par la rupture avec l'esprit académique, la philosophie et les arts dans tout leur classicisme. Cette mouvance culturelle viennoise associée à un modernisme émergent est reconnue s'être forgée précisément, en concomitance avec l'effondrement de l'Empire des Habsbourg et en lien avec le développement d'une démocratisation de la culture. L'Art Déco est fomenté, précisément, dans un contexte marqué physiquement et moralement par les blessures de la Première Guerre mondiale. Peut-on voir dans ce contexte, une dynamique de processus créatif analogue à celle ayant activé le phénomène de Sécession viennoise ? Peut-on dire que l'Art Déco est né d'un phénomène de « rupture » ou s'agit-il d'un mouvement modelé par la progression de la permanence artistique ?

Il convient d'étayer cette étude, par une analyse de la part de l'impact sociétal sur la manifestation de ce mouvement, mûri en même temps que la progression des techniques industrielles et la notion de modernisme de l'espace.

I

LA GUERRE INSPIRATRICE

De la « Grande Guerre », va émerger une conscientisation esthétique qui esquissera un tournant dans la généalogie de la modernité. A la convergence des discours politique, moral et d'une démarche culturelle réflexive, les productions esthétiques renvoyant à la Première Guerre mondiale joueront sur la polarité de l'Expressionnisme et de la géométrisation (usitée en Art Déco), voire de l'abstraction : une démarche, parfois même combinatoire, qui renseignera sur la volonté des artistes-peintres combattants (français et allemands) de ce premier conflit mondial, d'user de signes empruntés à la plasticité pour traduire toute la répulsion de la transgression monstrueuse et de la destruction rédhibitoire. La mort sur le front joue sur le registre psychique de l'émotionnel des créateurs engagés dans cette guerre ; la mort massive et profanée – « rupture » de la singularité identificatrice – unifie l'engendrement de clichés métaphorisés, d'images organiquement appréhendées ou réductrices jusqu'à la décomposition des éléments, pour dénoncer la claustration dans les tranchées, l'angoisse morbide, la dimension macabre des corps suppliciés et associés à la porosité d'une terre à l'origine, nourricière mais devenue castratrice.

Transmetteurs de mémoire, les peintres et les écrivains acteurs de ce premier grand conflit du XXème siècle vont ainsi, renouveler l'esthétique du tragique, en subvertissant ou neutralisant le pathos (effet de la souffrance paroxystique), afin d'imprégner la matérialité du roman ou de la toile, d'un postulat signifiant : un idéalisme du pacifisme que serviront, par ailleurs, les architectes et les sculpteurs de certains monuments aux morts « Art Déco ».

A. LA REPRESENTATION DE LA MORT : DE LA METAPHORE A L'ABSTRACTION

Un nouveau rapport à la vitesse marque les esprits, au point d'influencer le rythme d'écriture de certains écrivains. La fascination pour la vitesse avait déjà pénétré la littérature et la peinture de la Belle Epoque. Avec le Fauvisme et le cubisme, s'était affirmé l'Art nouveau : « *Le climat du temps tiré vers l'exaltation nationaliste, vers le spiritualisme mystique comme vers l'anarchisme. L'intuition veut l'emporter sur la raison, les forces affectives sur le rationalisme, la folie sur la sagesse* » [1]. A travers son Manifeste futuriste, Marinetti – proclamant que « *la splendeur du monde s'est enrichie d'une beauté nouvelle* » qui est celle de la vitesse [2] – prône une esthétique qui rejette la tradition, au profit du mouvement urbain, de la foule et de la machine. Le Futurisme idéalise un remodelage de l'émotionnel, en s'appuyant sur la valorisation du goût de la turbulence, de la bravoure et de la banalisation du risque [3] jusqu'à dédramatiser le danger de mort : un danger indissociable des pratiques de la guerre perçue par Marinetti, comme « *la seule hygiène du monde* » [4]. Un armement nouveau pensé par « un Etat moderne en guerre » [5] répond par sa puissance et la célérité de ses effets, aux exigences techniques des attaques mais agit par la force et le rythme de ses détonations répétitives sur les sens du combattant engagé dans cette « Grande Guerre ». La cadence d'usage d'un tel matériel et le vacarme produit ne seront pas, en effet, sans corrélation avec le mode d'écriture : ainsi, Céline (*alias* Louis-Ferdinand Destouches) conserva de la Première Guerre mondiale au cours de laquelle il fut cuirassier et blessé, les stigmates d'un pilonnage extrême, « *un laminoir de quinze cents bruits* » qui façonnèrent la construction de la syntaxe de ses œuvres.

Vecteur d'affliction, de désolation et à l'origine d'un douloureux traumatisme international, le conflit de 1914-1918 se soldera par 9 millions de morts à travers le monde (dont plus d'un million en France) et vingt millions de blessés dans toute l'Europe. Neuf villages seront rasés lors des célèbres batailles offensive et défensive de Verdun (du 21/2 au 18/12/1916) et au cours de laquelle il fut fait usage de 60 millions d'obus. Eléments de dévastation nés de la technicité de cette guerre, ces obus – qui firent l'objet de pilonnages intensifs – déstructureront l'environnement, déstabiliseront les humains, voire désintégreront les combattants.

Combinant l'exploitation de l'infanterie et de l'artillerie, cette guerre va, en effet, s'avérer dévastatrice, ravageant, ruinant les paysages du front, les démantelant au point de ne laisser visibles que le spectre de troncs d'arbres éventrés et des décombres de construction : autant d'éléments matériels pourtant, auparavant, porteurs de traces de vie humaine dorénavant absente, détruite, décorporalisée. Pointe l'image sous-jacente d'une déstructuration du milieu physique et des chairs d'une population combattante blessée, mutilée ou tuée et dont certains écrivains nous dépeindront la souffrance, l'explosion des corps dans la tourmente : Henri Barbusse dans *Le Feu* (rédigé en 1916), Blaise Cendrars, dans ses souvenirs écrits après être revenu du front et y avoir été blessé par un obus. Alors qu'un premier obus était tombé sur la voiture de la 6ème Compagnie, Cendrars décrit la vision apocalyptique qui suivit la scène où le cheval, le cocher et Lang furent, dit-il, « *écrabouillés* » : « *On ramassa deux, trois écueillées de petits débris et les quelques morceaux furent noués dans une toile de tente. C'est ainsi que furent enterrés Lang, le cocher et de la bidoche de cheval. Et l'on planta une croix de bois sur le tumulus mais, en revenant du cimetière, quelqu'un remarqua la moustache de Lang qui flottait dans la brise du matin. Elle était collée contre la façade, juste au-dessus de la boutique du coiffeur* » [6]. Engagé volontaire dans l'Infanterie (dès 1914), Roland Dorgelès détaillera (dans *Les croix de bois*, paru en 1919 mais écrit pendant les hostilités), ces clichés de corps déformés, distordus qu'il découvrit après voir sauté dans une tranchée : « *En touchant du pied ce fond mou, un dégoût surhumain me rejeta en arrière, épouvanté* ». Il raconte cet entassement de corps qu'il qualifie « infâme » : « *Tout un amas de chairs déchiquetées avec des cadavres qu'on eût dit dévissés, les pieds et les genoux complètement retournés. Un autre reste debout contre la paroi, étayé par un monstre sans tête* ». Dorgelès mentionne que la mort n'avait épargné que les objets : « *Sur des mètres de boyaux, intacts dans leurs petites niches, les casques à pointe étaient rangés* » [7].

La dichotomie « guerre/cadavres » s'impose : *Le Miroir* du 8/11/1916 affiche, en première page, les cadavres mêlés de deux fantassins, français et allemands. Mais, la perception visuelle des dépouilles désoriente soldats et population civile. Ainsi, la toile *Paths of Glory* de C.R.V. Nevinson fut censurée dans le cadre d'une exposition, en 1918. Refusant de retirer son tableau représentant deux Tommies défunts devant les barbelés mais préférant l'exposer camouflé et flanqué de la mention « censuré », le peintre reçut des reproches du War Office [8].

Sur le territoire de Verdun et devant les restes humains, Fernand Léger – incapable d'exprimer picturalement l'indicible – déplore de ne pas disposer d'un appareil photo. Face au désarroi de ne pouvoir traduire en images, la sensibilité ressentie à la vue de ces corps déchiquetés et abandonnés, des peintres vont opter pour la métaphore : « *Peindre une ruine, c'est peindre ce qui entoure le corps humain, mais c'en est aussi une métaphore : on parle bien d'une maison éventrée* » [9]. Volontaire dans l'armée allemande, Otto Dix – qui a étudié à l'école d'Art de Dresde, dès 1910 – passe de la représentation inspirée de l'œuvre habile de Dürer (avec *Gesehen am Steilang von Cléry-sur-Somme ou Sur les pentes de Cléry-sur-Somme* [10]) à l'Expressionnisme (*Lichtsignale* ou *Signaux lumineux* [11]) privilégiant l'intense illumination des fusées (qui éclaire une masse de cadavres contorsionnés dans *Mahlzeit in der Sappe* [12]) pour accéder à la représentation métaphorique de la désagrégation des chairs [13] mise en scène dans une opposition du macabre et de la précarité du vivant.

« *Rien n'est plus anthropomorphique que l'arbre : il a un tronc, un pied, des branches qui figurent des membres, une sève qui symbolise le sang. Un arbre peut être abattu comme un être humain* » [14]. Bien que sévèrement mutilé et victime aussi du conflit, l'arbre (image de la puissance et de la pérennité) surgit du chaos et de l'anéantissement en dressant

– cliché opposé à la figure de l'enfouissement des corps – sa fantomatique silhouette. « L'esthétique organique » sert la représentation du paysage souffrant (où vie et mort sont intimement associés), jouant avec le registre analogique et métaphorique dont use le discours littéraire hugolien pour personnifier le pathogène, cloacal, égout de Paris (instrument de contrôle de la capitale et de ses déchets, car « tube digestif » des miasmes) : « *Reprendre la méthode des personnifications et la pousser aussi loin qu'on peut la rendre intelligible par des métaphores, en donnant aux substantifs de l'ordre matériel des attributs de vie, et aux adjectifs des significations ou des valeurs substantives, suivant le procédé des anciens mythologues, c'est ce que Victor Hugo a fait par un instinct merveilleux, qui s'est accru chez lui avec l'âge et qui s'accordait avec l'explication de sa pensée à des conceptions du genre de celles dont l'imagination des anciens mythographes et des premiers philosophes était possédée. Ce don l'a sacré poète en un sens depuis longtemps perdu de vue, et en même temps l'a investi du caractère éminent de philosophe, mais en lui imposant l'emploi d'une méthode symboliste et réaliste contraire à l'esprit sèchement analytique de son siècle* » [15].

Otto Dix émaillera les motifs de sa toile *Gesehen am Steilang von Cléry-sur-Somme*, d'une plante poussant dans le crâne béant d'un soldat mort : interaction, confusion de la nature et de l'humain se télescopent dans un traitement figuratif dont les choix esthétiques font du milieu naturel, un agent régénérateur. L'observation chronologique des productions *Les barbelés* [16] de Félix Vallotton (1916) et *Thiepval* [17] de William Orpen (1917) permet de constater une fusion progressive et symbolique des cadavres avec l'environnement, apparemment circonstanciée par l'amplitude et le degré meurtrier des batailles : dans la toile *Les barbelés*, la morphologie des masses corporelles (non décomposées) se confond avec les lignes ondoyantes des fils barbelés mais, quelques mois après la sévère bataille de Thiepval (dans la

Somme), les corps réduits à l'état de squelettes fragmentés et disséminés occupent aléatoirement l'espace, au même titre que les objets dispersés [18].

A la crue réalité des corps morcelés, va répondre un traitement des représentations qui s'éloignera de l'expression figurative au bénéfice d'une peinture géométrisée. Ainsi, Otto Dix s'inspirera du cubisme pour illustrer les cartes postales destinées à son amie durant le conflit : des documents dont la plastique avant-gardiste devient langage pour mieux décrire l'incursion dans un insoutenable quotidien centré sur la guerre, la mort omniprésente et l'infernale destruction. Son œuvre sur papier réalisée dans les tranchées est imprégnée des stigmates du macabre dont l'art sert l'esthétique ; usant d'une expression qui évolua d'une facture figurative académique à une forme d'abstraction devenue nouveau mode de communication, Otto Dix croque certains de ses dessins d'une manière qui le fait percevoir proche de la démarche picturale de Wassily Kandinsky, Fernand Léger, Franz Marc (tué sur le front, en 1916 et dont la démarche « analytique » accroît la décomposition des formes jusqu'à l'abstraction). Comme Kandinsky (qui révéla avoir vu dans son esprit, lorsqu'il écouta *Lohengrin* pour la première fois, « *des lignes échevelées, comme frappées de folie* » se dessiner devant lui [19]), Otto Dix délaissera progressivement l'attachement à la représentation plastique expressive de la nature, rejoignant ici, le discours de Kandinsky (sensible à la renonciation de la figuration de l'objet) pour privilégier la qualité formelle : « *Tout ce qui était "mort" se mit à vibrer... Tout m'a montré son visage, son essence la plus intime, son âme cachée qui se tait plus souvent qu'elle ne parle ; ainsi, chaque point au repos et chaque point en mouvement (= ligne) me devint vivant, m'ouvrit son âme. Et cela me suffit pour saisir avec tout mon être, avec tous mes sens, la potentialité et l'existence de l'art, cet art qu'aujourd'hui, par opposition à "figuratif", on définit comme "abstrait"* » [20].

Brancardier pendant la guerre de 14-18 (notamment, lors de la bataille de l'Argonne) puis, gazé à Verdun en 1916, Fernand Léger – qui s'est adonné, de 1911 à 1914, à un travail tendant toujours plus vers l'abstraction – privilégiera la géométrie des lignes pour transcrire (en minimisant la représentation du morbide) l'horreur des effets sensoriels de la victimisation et suggérer, dans son œuvre *Sur la route de Fleury* [21], la désarticulation corporelle des combattants défunts. Au terme d'un stage chez un architecte, d'une formation aux Arts Décoratifs et d'une activité de retoucheur dans un laboratoire de photographie, Fernand Léger avait été interpellé (en réaction contre l'Impressionnisme) par le Cubisme dont Braque et Picasso avaient fait le choix. Au contact de Villon, Delaunay, Gleize, Picabia, Kupka, Léger adhère à la parfaite « structuration » géométrique et chromatique. Humains et objets (symbolisés comme des « machines » constituées d'une combinaison de configurations), scènes noyées dans le quotidien de la guerre [22], vont être évoqués à la façon d'une mécanique : « *L'ensemble est une espèce de machine unique, capable de fonctionner dans la tension et l'équilibre de ces divers éléments. Chaque chose existe en tant qu'objet mouvant et se manifeste sous des rapports concrets* ». Léger dira : « *L'objet dans la peinture moderne, devrait devenir le personnage principal et détrôner le sujet. Si, donc, à leur tour, les personnages, la figure, le corps humain, deviennent objets, une grande liberté est offerte à l'artiste. Il peut utiliser la loi des contrastes, particulièrement constructive dans toute son ampleur* » [23].

Architecte d'intérieur et, à l'origine de la « maison cubiste » qu'il présenta au Salon d'automne de 1912 (en collaboration avec Raymond Duchamp-Villon, les peintres Roger de La Fresnaye et Marie Laurencin), André Mare – ami de Fernand Léger – œuvrera, pendant la Grande Guerre, à la création de camouflages destinés aux armées française, italienne et britannique : technique de camouflage qu'il fera bénéficier des recherches cubistes sur l'éclatement des formes afin de favoriser au maximum, l'intégration dans le milieu ambiant. Les aquarelles de ses carnets de dessin délivrent un message centré, avec mesure et à l'image de Fernand Léger, sur l'expression du sensitif pour traduire symboliquement (car avec distanciation), le calvaire du combattant et son trépas : ainsi, son aquarelle *La tranchée de Zillebecke* [24] suggère, à la façon du Cubisme, les conséquences émotionnelles de la mort, vecteur de misère morale.

Ecrivains, artistes – français et allemands – combattants pendant la Première Guerre mondiale, auront ainsi créé des œuvres dénonciatrices de la barbarie du conflit. Aspirant dès l'issue de la guerre, à une société différente, une culture humaniste et idéalisant le pacifisme, Gert Wollheim, Else Lasker-Schüler, Otto Dix, Ernst Toller, adhèreront, entre autres, à cette aspiration tournée vers un désir de renouveau signifiant et de civilisation prometteuse [25].

Les peintres avant-gardistes français – qui choisirent de restituer la répulsion de la guerre à partir de techniques synonymes de déconstruction – ont révélé un message de modernité élargi à cette abstraction voulue peaufinée après le conflit. Tel est, par exemple, le cas d'Herbin qui reçut (à l'école municipale du Cateau-Cambrésis) une formation de dessinateur industriel et qui, mobilisé lors de la Grande Guerre, évoluera à partir de 1918, vers un style de composition positionné entre le « cubisme analytique » et l'abstraction [26].

Ce modernisme – qui passe par l'esthétique de l'abstraction (réductrice de l'instrumentalisation pathétique du macabre sur le front) – s'inscrit, en fait, dans une dimension opposée à celle de spéculations sur la modernité qui allait servir, vers la fin du XIXème siècle, la mutation d'une société vers l'émergence du phénomène de masse. Cette politique idéologique militait alors, pour la notion – limitative des écarts entre les classes sociales – d'une rationalisation du corps conduisant à son oubli ou sa dissolution, comme le démontrent les productions picturales de la fin du XIXème siècle : un oubli du corps dont le message, vecteur de dynamisme patriotique, reposait précisément, sur la valorisation d'une communauté sans besoin, convergeant vers une « unité nationale » (donc, des intérêts communs) en vue de réguler les tensions et d'inculquer un idéal construit sur le culte de la victoire revancharde de la guerre franco-prusssienne de 1870.

B. DE L'AVANT-GARDE AUX MONUMENTS AUX MORTS PACIFISTES

Des intellectuels, des artistes – portés par un discours mémoriel pacifiste – ont donc, dans les années 1920 et tant en France qu'en Allemagne, développé l'espérance en une pérennité de paix franco-germanique et un rapprochement trans-européen. Des échanges culturels et économiques sont suggérés : dans ce contexte précis, Gaston Riou va, par exemple – à travers son livre *Europe, ma patrie* (1928) – cultiver des idées européennes ; George Grosz exposera en France, en 1924 et illustrera une œuvre de Pierre Mac Orlan. Jacques Rivière croit en un rapprochement économique : « *Quelques années plus tard* », note l'auteur de *L'Allemand*, « *l'oubli viendra en Allemagne et chez nous, si nous savons organiser l'unité industrielle du bassin Rhénan, y régler harmonieusement les échanges* » [27].

Ouvrages de commémoration du souvenir et de l'hommage rendu aux victimes de ce conflit atrocement meurtrier, les monuments aux morts se dresseront en masse, quelques années plus tard. Certains d'entre eux afficheront une conjuration de la violence des représentations du morbide par une symbolique et des motifs incitatifs d'une prise de conscience pacifiste. Ils seront parfois signés d'architectes et de sculpteurs sensibles aux recherches avant-gardistes des mouvements « *émanant du cubisme au profit du purisme* » et de ce fameux « ordre conquérant » que permet l'Art Déco. Est pensé dans cet esprit, le monument aux morts de Nice (d'Alfred Janniot, sculpteur qui obtint à son retour de la

Grande Guerre, le Premier Prix de Rome) ; tel est, aussi le cas du monument aux morts de Vierzon. Imaginé par Eugène-Henry Karcher, ce monument aux morts est l'élément phare du square Lucien Beaufrère ; il a été conçu par le même architecte que ledit jardin, afin de préserver la volonté du maire de l'époque, de garantir une « unité de vue » : la réalisation et l'érection de ce monument ainsi que l'aménagement de son environnement ne pouvaient être confiés dans l'esprit de l'élu, qu'à un seul concepteur qui fût aussi maître d'œuvre. Cautionné par le Comité du monument, le Conseil municipal et près de dix mille Vierzonnais venus découvrir le plan-relief, ce monument aux morts fut érigé, en fait, en régie par des chômeurs.

Inauguré le 11 novembre 1933, ce monument aux morts imprègne la symétrie de l'espace, d'une composition issue d'un académisme dépouillé et modernisé, transcendée par un traitement spectaculaire du figuratif et du symbole étroitement mis en scène. « *Les hommes ont compris* », rapporte alors, Karcher à propos des deux êtres sculptés dont la posture induit la volonté de se solidariser, « *qu'ils touchaient au seuil de cette fraternité tant rêvée* ». Imagerie d'inspiration néo-classique des allégories de la vie et de la mort, cette création « monumentaliste » de Karcher concentre, à travers une facture dépouillée, la signifiance esthétique des Pleureuses et de l'image profane de la *Mater Dolorosa*, opposées à l'icône du Travail libérateur et à l'harmonie protéenne, puissante, des corps héroïques des soldats quintessenciés par la plastique du muscle, qui s'efforcent de repousser la « porte de la guerre ». L'exploitation de l'éclairage électrique (novateur pour l'époque et contribuant à scénariser l'espace) renforcera cette volonté de modernité et positionnera ce square, parmi les premiers jardins publics, à bénéficier de cette option inédite. Le choix des sculptures véhicule, en fait, toute l'exaltation de cet idéalisme pacifique d'après-guerre dont sont aussi révélateurs les accessoires décoratifs du jardin : colombes de la paix en grès (ornant les grilles de clôtures)…

Détail du monument aux morts de Vierzon
(square Lucien Beaufrère)
propriété de la ville de Vierzon :

une symbolique pacifiste
doublée d'une valorisation de l'esthétique du corps.

Dessin de Micheline Ganivet

II

L'ANTIDOTE AU PESSIMISME

Après cette longue période d'affrontements et de transgressions, la société française connut une période ambiguë, affaiblie – comme la société germanique – par la mémoire et les traces tangibles du cataclysme guerrier.

La réappropriation respective des territoires engagés dans ce conflit mondial repose pour la France et l'Allemagne, sur des paramètres majeurs : la déstructuration d'espaces physiques, l'extrême fragilisation économique, une dialectique de la désillusion. Cette réappropriation de territoires exhibant les failles de leur fonction initiale matricielle, passe dès 1919, par l'expressivité émotionnelle de souvenirs douloureux transcendants. La reconstruction morale et matérielle doit alors, composer avec les désenchantements, les rancœurs, les enjeux d'un devenir désiré fécond et l'absence d'unité d'un tissu social hybride, protéiforme, poreux à la dimension politico-socio-historique et en résonance avec les nouveaux actes créatifs que vont profiler les matériaux esthétiques.

A. UN ART DE LA DENEGATION DU PASSE

Economiquement affaiblie (dans les domaines agricoles et industriels), l'Europe totalise, à l'issue de ce premier conflit mondial, 8 500 000 morts. La France – dont les ressources économiques ont été altérées dans cet espace temps – émerge de la guerre, démographiquement meurtrie : elle enregistre plus d'un million de morts, trois millions de blessés, 1 100 000 invalides de guerre et quelque 250 000 civils décédés de pathologies liées au manque d'hygiène, aux restrictions ou de la grippe espagnole qui sévit en 1918 [1]. La perte d'autant de victimes de la guerre va déstabiliser l'équilibre démographique du pays qui se soldera par une forte dénatalité et un vieillissement de la population : 1 600 000 naissances sont considérées « perdues » [2], le pourcentage des personnes de plus de 60 ans évoluera de 12,6% à 13,7% entre 1911 et 1921, générant ainsi, un accroissement des charges pour les actifs [3].

La France est aussi matériellement amoindrie : « *Sur 4 726 communes envahies, 620 étaient complètement détruites, 1 324 endommagées à plus de 50 %, 2 749 endommagées, 423 seulement indemnes. Sur 1 190 000 bâtiments, 893 792 étaient détruits ou endommagés. A Reims, sur 16 000 maisons, 14 étaient intactes. A Saint-Quentin, sur 14 000, 9 332 étaient détruites ou endommagées. Le sol, lui-même, avait souffert : 2 000 000 d'hectares devaient être remis en état* » [4]. Le parc immobilier (300 000 maisons démolies) et les infrastructures (ferroviaires, routières) seront lourdement touchées [5].

Ces blessures contingentes qui mutilent le paysage et le pouvoir d'achat assombrissent, après la célébration euphorique d'une victoire symbolisant l'optimisme, le moral des strates de la population française qui ne se sont pas enrichies des profits de l'industrie de guerre et restent hantées par les sacrifices consentis durant le conflit : privations/restrictions, accroissement des prix, appréhension des bombardements, deuils familiaux…

La société allemande vit également péniblement cette période post-conflictuelle : traumatisme de la défaite, misère prégnante des populations de l'arrière, crimes, suicides, corruptions dans les classes sociales nanties. Les événements socio-politiques qui se succèdent, reflètent le mal-être d'une société déshéritée et confrontée à la duplicité d'une certaine bourgeoisie opulente : révolution à Berlin, le 9 novembre 1918, abdication de l'Empereur Guillaume II, proclamation de la République de Weimar, répression du soulèvement de la Ligue spartakiste, assassinat de Rosa Luxembourg (en 1919) et de Matthias Erzberger (en 1921)… Il faudra attendre six ans, à partir de la fin de la guerre, pour qu'une amélioration économique provisoire (avant la crise mondiale de 1929) puisse être perçue. En effet, les années 1920-1923 seront pour l'Allemagne, un temps de crises politiques, sociales (marquées par un fort taux de chômage) et économique, à tel point que la République ne peut plus financièrement pourvoir aux réparations définies par le traité de Versailles. Inflation et grève généralisée (réponse à l'occupation de la Rhur industrialisée) paralysent l'économie défaillante.

Le dénuement, les stigmates des mutilations de guerre dans les chairs et le mental, sont alors, cristallisés en motifs esthétiques sous le pinceau dénonciateur d'Otto Dix ou celui, déconstructeur de Beckmann.

Après les horreurs de la Première Guerre mondiale, les créateurs s'adonneront à des recherches qui positionneront l'œuvre plastique aux antipodes de l'art bourgeois, en misant sur le rejet des valeurs traditionnelles.

En rupture avec la représentation des canons de la beauté académique, les peintres allemands vont brosser la laideur corporelle et spirituelle, la transformant en énonciation artistique d'une représentation des altérations physiques et des anormalités sociétales, reposant sur le rejet de l'existant [6].

Certains artistes noieront la disgrâce de cet enlaidissement cimenté par les nécessités de la guerre dans le traitement de matériaux limités à des formes ultra-élémentaires et dépourvus de tout artifice ornemental. C'est l'optique esthétique prônée par le mouvement Bauhaus, créé par Walter Gropius : un mouvement dont le centre de formation (destiné aux artistes voulant œuvrer pour l'industrie) a vu, le jour, en Allemagne, courant 1919. Faisant abstraction de la moindre source historique, le Bauhaus de Weimar repose sur la dénégation du passé et semble n'accepter comme seul fondement, que l'impact de l'Art moderne, la croyance dans le croisement du rationalisme, du fonctionnalisme et de la connaissance scientifique au profit des recherches sur la structure, la séduction de la mécanisation et de l'abstraction. Dans la logique des créateurs du Bauhaus, l'artisanat d'art doit se conjuguer avec les « beaux arts » pour ne faire qu'une unité au niveau d'une architecture pensée comme une œuvre d'art intégrale. « *Il n'existe aucune différence essentielle entre l'artiste et l'artisan* » [7], note l'architecte Walter Gropius. « *Nous concevons et créons ensemble le nouvel édifice de l'avenir qui embrassera architecture, sculpture et peinture en une seule unité et qui, s'élançant vers le ciel, surgira des mains de milliers de travailleurs, comme le symbole de cristal d'une foi nouvelle* »[8].

B. L'ADHESION AU CONCEPT DE LA MACHINE

Parmi les défenseurs du Bauhaus dont la finalité s'appuie sur la construction, figure Wassily Kandinsky. « *Au début de 1914* » [9], rapporte ce dernier, « *je ressentis le désir d'une froide tranquillité. Je ne voulais pas la rigidité, mais la froideur, une grande froideur. Et quelquefois, le gel... Un contenu ardent à l'intérieur d'une enveloppe de glace* » [10] : une démarche picturale pratiquée dans l'antre même du Bauhaus. Une plus grande austérité de la structure de la toile et l'irrégularité des contours occultant progressivement la géométrisation des formes caractérisent, dans les années d'après-guerre, cette nouvelle période de peinture de Kandinsky : « *Dorénavant, règles et compas sont les instruments importants de l'artiste. Courbes et droites se disposent selon un ordre presque systématique, dont la configuration possède une poésie intense. Un rapport étroit unit la forme et la couleur ; la surface du tableau joue le rôle de fond portant actif* » [11]. Ainsi, les tableaux « géométrisants » de Kandinsky sont perçus comme des œuvres exprimant bien plus que « la théorie peinte » d'une démonstration exclusivement cérébrale : « *La tête* », explique Kandisky, « *est une partie nécessaire et importante du corps humain, mais seulement si elle se trouve dans un rapport organique avec le cœur ou avec le sentiment... Sans ce rapport, la tête est la source de tous les dangers et de toutes les corruptions. Ceci, dans tous les domaines : et donc aussi dans celui de l'art* » [12].

Publié en 1920 par Aleksander Rodtchenko, le « Programme du groupe constructiviste » allègue la primauté de l'art industriel et favorise l'exercice des « arts appliqués ». Sensible à l'exploitation artistique des « éléments industriels » pour camper l'urbanité, Fernand Léger mise, lui aussi, sur la force plastique de la mécanisation. Intensément frappé par les clichés des tranchées, Fernand Léger va s'adonner à la réalisation de ses premiers tableaux voulus « mécanistes » dans lesquels êtres et choses sont représentés à la façon de machines constituées à partir d'un montage de structures « géométriques tubulaires décomposées » [13]. Il estime que l'homme moderne peut se percevoir de façon optimale dans l'inspiration et la logique qui l'ont incité à inventer la machine : « *J'invente des images de machines comme d'autres font d'imagination des paysages* » [14], confiera Léger. « *Mon époque m'entoure d'objets fabriqués de façon parfaite. L'important n'est pas de copier tout cela, c'est de faire aussi bien* » [15], ajoutera-t-il. Ainsi, son tableau *Femmes dans un intérieur* (peint en 1922) affiche un traitement des formes s'appuyant, en référence au principe de la machine, sur une imbrication des couleurs ; l'élaboration des aplats de fond à angles droits est considérée proche de l'esthétique des peintres du mouvement hollandais « *de Stijl* » que fréquente Léger depuis 1921 : un mouvement attiré par l'usage de l'orthogonalité mise en œuvre par Piet Mondrian, un mouvement dont les peintres exposeront à Berlin en 1920, qui interpellera les architectes novateurs (Mallet-Stevens, Le Corbusier...) et dont la renommée internationale sera activée par l'intégration au Bauhaus, de Théo Van Doesburg.

Fernand Léger (dont Le Corbusier dira qu'il s'avère « *être le peintre dont les tableaux exigent une expression nouvelle de l'architecture* » [16]) veut harmoniser le traitement de ses œuvres à la dimension de l'architecture, tant à travers l'amplitude et la simplification des formes que l'ordonnancement des couleurs qu'il considère influer sur la vitalité physique et psychique de l'homme [17]. L'œuvre picturale de Fernand Léger « *est le moyen expérimental* », selon Robert Delevoy, « *de traduire les conceptions visuelles, linéaires, formelles, que l'architecture tente ensuite d'exprimer. La peinture finit par se réaliser dans l'architecture »* [18].

C. DE LA GEOMETRISATION A LA NAISSANCE DE L'ART DECO

Peintre, céramiste, sculpteur, Fernand Léger sera aussi décorateur. En 1922, il dessine le rideau, les costumes et les décors du ballet suédois *Staking Rink* dont Honegger compose la musique : des éléments dont Léger puise le style aux sources de l'art nègre en vogue et qu'il articule avec des objets plastiques modernes, jusqu'à faire référence aux charpentes métalliques [19].

Herbin a peint quant à lui, dès 1918, des compositions abstraites intégrant la dimension d'une quête de configurations à vocation décorative jouant avec les lignes ondoyantes, ainsi que le révèle sa toile *Silhouette sur deux plans, danseuse* [20]. Ses recherches semblent cristalliser un tournant dans la construction des réflexions artistiques modernes profilant un nouveau mouvement, dans la mesure où elles évolueront, à partir de 1920 et dans le cadre du « Second Cubisme », vers la création d'œuvres mariant peinture et sculpture : des « reliefs polychromes » déclinés en différentes versions qui usent de la force décorative des frises, bordures et dans lesquels Giovanni Lista verra une amorce de l'Art Déco [21].

A la fantaisie décorative débridée de l'Art Nouveau qui connut un vif succès (au point d'influencer l'ornementation des magasins, cafés-restaurants, bouches de métro parisiens) et reste indissociable de grands noms (Gallé, Guimard...), vont donc succéder – de 1920 à 1939 – les formes épurées de l'Art Déco. L'Art Déco naît, comme nous l'avons remarqué, dans un contexte singulier : un contexte déstabilisé par les blessures de la Première Guerre mondiale mais, prometteur de prouesses techniques (fascination pour le téléphone, l'automobile...), riche d'un renouveau culturel. Décomposition et recomposition pour atteindre la simplification ont donc préfiguré le mouvement émergeant, construit sur les racines d'un Cubisme dynamisé par André Lhote, Georges Braque et Pablo Picasso qui en reste l'âme pour ne pas dire le précurseur. Avec le Cubisme, le traitement plastique des objets donne lieu à une composition unitaire et des formes réduites à des éléments géométriques. Cette volonté de simplification en peinture va aussi séduire dans cette société en mutation, comme nous l'avons vu, certains architectes qui opteront pour une esthétique dite « fonctionnaliste » : les formes seront ordonnées, le *design* simplifié privilégiera les configurations géométriques (symbolisant l'ordre) et la symétrie.

Des élus, architectes, sculpteurs, artisans d'art ont été conquis par ce nouveau mouvement qu'impulsera l'Exposition Internationale des Arts Décoratifs et industriels modernes de Paris, en 1925 : ils ont été décideurs ou créateurs d'importants ouvrages purs « Art Déco » que nous restituent encore de nos jours, la pierre, le végétal ou la céramique... Le cinéma sera aussi conquis par l'esthétique de ce mouvement novateur. Fernand Léger concevra, en 1924, le premier film sans scénario, « Le Ballet mécanique », privilégiant la fonction de l'objet sur l'impact de l'humain : « *Il a complètement libéré l'objet de sa signification rationnelle, anecdotique, symbolique, pour échafauder le film sur la seule valeur plastique de l'objet, sans se soucier de sa signification courante* » [22]. Les cinéastes contemporains des années 20 s'octroieront ainsi, pour la réalisation des décors de leurs films, les services de peintres, d'architectes de formation.

III

DE LA PHOTO AU CINEMA

Photographies et cinéma de guerre – prisés pour matérialiser immédiatement un réalisme cru et persuasif – vont devenir, en 1918, des techniques pour capter sur la pellicule et ancrer dans la mémoire collective, l'euphorie de l'armistice et l'ovation de la paix retrouvée, après quatre années de conflit sanglant. Les cameramen du service cinématographique des Armées, de Pathé, Eclair et Grammont (qui impressionna de la pellicule en couleurs naturelles) filmèrent ainsi le défilé de la Victoire sur les Champs-Élysées [1]. L'achèvement de la Première Guerre mondiale imprimera ainsi, un tournant dans la façon d'appréhender les tendances du cinéma français qui remodèlera la lumière et l'espace en masses architecturales.

A. UN REFUS DE L'ORDRE ETABLI, INSPIRE DE LA DEMARCHE IMPRESSIONNISTE

Marcel L'Herbier, qui fit la carrière de cinéaste que nous connaissons, a été saisi par l'impact du cinéma alors qu'il se trouva confronté, lors de son affectation au service cinématographique des armées, à la violence émotionnelle des effroyables clichés pris sur le front. Les cinéastes useront des potentialités du «7ème art» pour mettre en scène l'horreur tragique de la guerre à des fins pacifistes. Tel est le cas d'Abel Gance qui réalise le film *J'accuse* : une œuvre visionnant le drame de la séparation, la détresse, la désolation de villages ruinés, la brutalité inhumaine des attaques ; le poète Jean Diaz (rentrant du front pour se rendre au chevet de sa mère moribonde) découvre une multitude de mères endeuillées et consternées. Diaz – qu'Abel Gance appelle « *le Christ des tranchées* » – ressuscite tous les défunts du conflit afin qu'ils se dirigent vers les villages pour mesurer l'influence de leur sacrifice. Incarnation de la douleur collective, de la représentation physique du pathos à travers l'image d'une figure sacralisée et suppliciée, le héros de *J'accuse* ressemble à l'effigie laïcisée du Christ révolutionnaire campé par Esquiros et symboliquement associé au peuple en souffrance.

Pour le montage de ce film estimé marqué par le style de l'Ecole américaine, Abel Gance fut assisté de Blaise Cendrars [2]. Des poètes participent, en effet, à la construction des discours esthétiques que génère l'orientation du cinéma d'après-guerre. Ainsi, le poète italien, Riccioto Canudo vante l'intérêt « *du rythme de la lumière* » que la caméra doit saisir [3]: ce poète dont on reconnaît à la fois, la part « *d'abstraction et de lyrisme* » [4] des évocations, créera d'ailleurs, en mars 1921, le Club des amis du septième art, fédérant entre autres, Abel Gance, Blaise Cendrars, Fernand Léger, Robert Mallet-Stevens, Jean Epstein, Léon Moussignac, Germaine Dulac, Jean Cocteau et Marcel L'Herbier.

Le nouveau cinéma semble ainsi puiser de cette collaboration intellectuelle, son ralliement à certains concepts à l'origine même de l'Impressionnisme et de son discours sur la lumière : « *Le refus des "valeurs" de base de la peinture dont se sont réclamés les artistes progressistes venus après Corot peut alors s'interpréter à la fois comme une volonté d'en finir avec la médiocrité picturale – avec le système qui, en figeant et en hiérarchisant abstraitement la répartition de la lumière et des ombres, prédéterminerait la "signification" dernière de l'œuvre – et comme un rejet des structures sociales, morales et épistémologiques présupposées par ce système. Tel quel, ce refus n'a plus cessé d'être porté par l'avant-garde* » [5]. L'Impressionnisme usait, en effet, de choix esthétiques rejetant les valeurs conservatrices du Second Empire au profit d'un renouveau que cimentaient la liberté et le progrès. Refoulant l'authenticité conventionnelle imposée par le goût bourgeois, les peintres modernes allaient ainsi, dans la seconde moitié du XIXème siècle, s'affranchir des contraintes picturales dictées par une société conformiste. Au-delà de 1850 (une période influencée par la naissance du marxisme), la bohème artistique s'impliquera dans un processus de libération culturelle : une démarche engagée dans une relation conflictuelle avec une bourgeoisie dirigée vers l'utilitarisme et que campe Banville dans son article sur Daumier [6]. Les peintres du courant impressionniste font le choix des nouvelles valeurs. Ils se veulent les témoins d'un progrès régi par le modernisme (que promeut l'Exposition Universelle de 1867) et par cette architecture novatrice de fer et de verre dont la finalité vise à procurer au peuple, le bonheur. Un parallélisme peut donc être observé entre l'engagement des peintres impressionnistes et les idées des peintres, plasticiens, des années 20, dans la mesure où ces derniers souhaitent diluer la dramaturgie des atrocités de la guerre, l'obscurantisme d'un ordre établi conservateur, trompeur et le souvenir de profiteurs – à l'arrière du front – corrupteurs, dans un credo annihilant la norme et l'ordre établi : un credo (dont l'Exposition Internationale des Arts Décoratifs de 1925 sera la vitrine) au profit d'une société marquée par des arts plastiques résolument modernes qui abstraient les éléments dans un équilibre de luminosité et d'obscurité. Le mouvement Art Déco préconise une recherche de composition des plans ciselée par la lumière : cette lumière dont les Impressionnistes exploitaient le mouvement dans une démarche réductrice de distance entre peinture et photographie.

B. UN CINEMA PROCHE DES BEAUX-ARTS

Métamorphosés en volumes architecturaux, les décors cinématographiques des années 1920 sculptent précisément, l'espace et l'éclairage, mettent en scène des contrastes de noirs et de blancs dont le jeu rappelle les valeurs esthétiques de l'Expressionnisme. Une promotion de réalisateurs, de formation centrée sur les Arts Décoratifs, vont ainsi rapprocher le cinéma, de l'histoire et de la mouvance des Beaux-Arts. Décorateurs issus des métiers de l'architecture, ensembliers, peintres, collaboreront à la conception des nouveaux décors de films. Réalisé en 1922, *Don Juan et Faust* (de Marcel

L'Herbier) valorise le jeu des décors (que Robert-Jules Garnier a voulu élaborer à partir d'un Cubisme modernisé et d'emprunts à une facture plus classique) avec les costumes de Claude Autant-Lara, tranchant par le graphisme de leur tracé, la dualité du noir et du blanc[7].

Cette dualité construit, ici, la stylisation des plans pour créer cet « effet image »[8] singularisant ces clichés en mouvement et « dans une suite de plans »[9] qui font la spécificité du cinéma expressionniste allemand : un Expressionnisme qui pénètre la majorité des arts, en Allemagne, avant la Première Guerre mondiale et s'y élargit, après 1918, au cinéma (notamment, avec le film *Das Kabinett des Dr Caligari*[10]). Le contexte marqué par les perturbations politico-sociales et économiques de l'après-guerre accélère la volonté d'esthétiser l'abstraction et l'approche sensorielle de la perception expressive des sujets. Comme le souligne Henri Langlois, le film *Das Kabinett des Dr Caligari* « *délie le cinéma allemand de son passé et lie son sort à celui du théâtre et des arts d'avant-gardes, affirmant ainsi la primauté de l'intellectuel sur le commercial* » [11]. La composition de l'image par le contraste du noir et du blanc va séduire les cinéastes des années 20 de différents pays, qui appuieront leurs démarches créatives sur « *une vision subjective du monde, la traduction de l'intériorité, exprimées par la déformation, la stylisation, l'abstraction et le symbolisme* » [12].

Prieda Grafe mettra cependant, quant à lui, l'accent sur l'importance du décor dans le film *Das Kabinett des Dr Caligari*, en tant qu'élément conférant une autre dimension au traitement plastique de l'œuvre : « *Ce qui était révolutionnaire, c'était la fonction du décor dans le jeune moyen d'expression parce qu'elle déviait de la norme et tendait à la transformer* » [13] : un choix justement perceptible dans l'œuvre de Marcel L'Herbier qui enrichit la construction de ses plans cinématographiques de cet intérêt novateur pour la fonction du décor.

« *Figure de proue de "l'Impressionnisme", élaborant un cinéma d'avant-garde d'un raffinement esthétique extrême* » [14], Marcel L'Herbier – sensible au symbolisme mallarméen – soigne la forme de son film *L'Inhumaine* : un film sorti en 1924 et dont l'écriture est forgée à cette « *encre de lumière* » que sublimera Jean Cocteau. Projet proposé à M. L'Herbier par l'épouse de Maeterlinck (cantatrice reconnue aux Etats-Unis) et réalisé un an avant l'Exposition Internationale des Arts Décoratifs, le film *L'Inhumaine* est considéré comme un vecteur de diffusion (ciblant entre autres, le public américain) des nouvelles orientations artistiques françaises [15]. Pierre Mac Orlan affirmera que L'Herbier traite le thème de *L'Inhumaine*, comme « *une basse chiffrée permettant de chiffrer des harmonies plastiques* » [16]. Aux côtés de Robert et Sonia Delaunay, Jean Lurçat, Marie Laurencin et Pierre Chareau, Robert Mallet-Stevens (qui a participé aux décors de *L'Inhumaine*, avec Alberto Cavalcanti, Claude Autant-Lara et Fernand Léger) imagine les décors d'un autre film de Marcel L'Herbier, *Le vertige* (1926), qui s'inspire, lui aussi, de la dernière mouvance Art Déco. Formé à l'Ecole Supérieure d'Architecture dont les préceptes enseignés reposaient sur une approche architectonique rationaliste, Robert Mallet-Stevens est l'exemple même des décorateurs sensibilisés au domaine de l'architecture, ainsi qu'en témoigne son parcours : un itinéraire prématuré puisqu'il connut, en effet, à dix-huit ans, l'étonnante et très contemporaine construction que son oncle fit édifier à Bruxelles par Joseph Hoffmann. Refoulant l'Académisme et favorisant la modernité, Robert Mallet-Stevens (qui concrétisa des projets de construction de villas épurées de tout ornement et dessina la « cité moderne » dans un rapport de proximité avec la pensée d'Hoffmann) structurera un jardin pour la célèbre Exposition Internationale des Arts Décoratifs de 1925, rehaussé d'arbres en béton. Dans un hommage rendu à Mallet-Stevens à l'occasion de son décès, Lucien Aguettand louera le professionnalisme de cet artiste bi-polaire, considéré comme un connaisseur avisé des fonctions esthétiques, structurantes, de la lumière et des plans : « *Comme architecte décorateur de films, Mallet-Stevens avait su, un des premiers, donner une personnalité au décor cinématographique qui devait, selon lui, jouer un rôle et être un fond nuancé, discret, aidant, facilitant l'action et le jeu des acteurs ; rapidement, il avait compris l'importance de l'éclairage, la valeur des plans qu'il soignait tout particulièrement* »[17].

C. LE MARIAGE DU « *STREAMLINE* » ET DE L'ART DECO

Architecte, décorateur de films, concepteur de mobilier, Mallet-Stevens est perçu comme l'une des figures de proue de l'Art Déco. Captivé par les courants avant-gardistes et les indices de modernité, il a été, notamment et en tant qu'architecte, séduit par l'image emblématique du paquebot. Imagé comme la structure d'une cité urbaine, le paquebot séduit la Presse par son style et son luxe raffiné[18].

Yves Mirande reflétera dans son film *Paris-New York* (tourné dans les décors mêmes du « Normandie », à la fin des années Art Déco) [19], le luxe ambiant du célèbre bateau de croisière. « L'Ile-de-France », le « Liberté », le « Lafayette », « L'Europa », « Le Normandie » sont restés dans l'imaginaire collectif, de fascinants paquebots futuristes dignes de l'éclat et du charme troublant de « L'Orient-Express ». La vogue des traversées transatlantiques des « Années Folles » (jusqu'à la multiplication des avions de ligne vers les années 60) repose sur la recherche du luxe et du bien-être sécurisé qu'orchestrent en un espace flottant et de plus en plus rapide, les compagnies maritimes (victimes d'une régression de leurs activités depuis les derniers flots d'émigrants en 3ème classe vers l'Amérique). D'une taille importante favorisant une spécialisation des espaces, les paquebots transatlantiques de l'entre-deux-guerres vont être des vecteurs emblématiques de l'éblouissement décoratif des arts avant-gardistes et la figure séductrice, par essence attractive, de la combinaison de la technicité (liée à la notion de « machinisme ») et du perfectionnement.

Les croisières visent d'abord, une clientèle composée non seulement de membres des Cours royales mais aussi d'acteurs en vue, d'inactifs fortunés, d'industriels : toute cette population fédérée par les signes d'appartenance à la haute bourgeoisie française, de « fortunes anciennes » ou remontant à la deuxième révolution industrielle[20], consolidées, et dont le taux quantitatif n'a guère varié depuis les années précédant la Première Guerre mondiale[21]. Comme l'évoquent cependant S. Berstein et P. Milza, cette population fortunée s'est élargie d'une strate (les « nouveaux riches ») détentrice de capitaux issus des réussites qu'ont générées, notamment, les commandes de matériel de guerre : « *Le montant des déclarations des assujettis à la "contribution extraordinaire sur les bénéfices supplémentaires" réalisés du 1er août 1914 au 30 juin 1919 s'est élevé à 17,5 milliards de francs, mais les fraudes et la dissimulation fiscale ont sans doute été considérables. D'autre part, tous les bénéficiaires ne sont pas connus du public et ce sont souvent les plus discrets – intermédiaires plutôt que producteurs – qui ont accumulé les plus gros profits* »[22].

Pour répondre aux attentes de cette clientèle hétéroclite mais riche, les concepteurs de paquebots misent sur le faste du cadre, l'esthétique du *design*, les plaisirs de la fête et le dépaysement. Relayées par les médias de l'époque (magazines ciblant un lectorat aisé, actualités radiophoniques et cinématographiques), les images d'un quotidien raffiné – filmées à bord des paquebots – mettent l'accent sur l'accès à la jouissance, la plaisance, que procurent ces voyages prestigieux et font fantasmer l'imaginaire sur la conquête d'un univers démystifiant l'illusion. Blancs et tranchant élégamment avec le bleu de la mer, les paquebots sont porteurs de la promesse d'atteindre un éden qui n'a plus rien d'utopique. Pour oublier les grisailles et la tristesse de l'automne, une publicité de la Compagnie Générale Transatlantique incite, dans les années 1930, à opter pour les croisières à destination de l'Afrique du Nord (l'Algérie, la Tunisie, le Maroc) qu'offrent les services réguliers de ses luxueux bateaux. Vantant les délices de croisières « spéciales Noël » en direction des Caraïbes et des Antilles, un magazine de 1932 en souligne les bienfaits. « *Là, pendant plus d'un mois, alors que le climat d'Europe est si peu désirable, les passagers pourront s'étendre au soleil, en goûtant la beauté pittoresque de ces sites* » [23]. L'article valorise d'autre part, l'apport vivifiant de l'air du large, le confort du navire véritable « *hôtel mouvant* »[24], la perfection de l'organisation des services assurés par un équipage « stylé » [25], la richesse des activités (escales, visites, cinéma, dancing, concerts, bridge...)[26].

Les Compagnies maritimes jouent sur l'ensemble « agrément/bien-être/liberté » dont le Presse se fait l'écho. Dans une société « *moderne et uniforme* », peut-on lire dans un numéro du *Figaro Illustré* de 1932, « *rien n'est plus élégant que le hautain protocole qui régit la vie sur mer, et ce monde séparé des "mondes". Fuir et se fuir...* »[27]. Le paquebot y est littérairement traité comme une « *île flottante (...) alanguie d'une paresse qui donne aux gestes les plus nonchalants des femmes, tout comme à certains penchants de notre caractère d'occidentaux surmenés, une noble et savoureuse licence* »[28]. Le navire de plaisance est, comme le note Alain Corbin, « *le théâtre d'un jeu complexe, entre la relation sociale, la mondanité, le gala et la disponibilité du temps que symbolisent la cabine et le "transat", comme tout ce qui, sur le navire, invite au souci de soi. Une contiguïté originale du public et du privé impose, ici, une économie inédite de l'ennui et de la distraction, un équilibre à trouver entre le vide et le plein des heures, au cours d'une traversée qui semble inscrire celui qui l'effectue hors de l'espace et du temps* »[29]. Le film *Paris-New York* visualisera, en images, une approche de cette notion de « disponibilité du temps » – synonyme d'oisiveté, facteur de bien-être – que symbolise la présence récurrente de la cabine

Extrait de
Paris-New York, film d'Yves Mirande
© 1940 Production REGINA / Editions RENE CHATEAU

Le transat (intégrant le logo stylisé de la compagnie),
symbole physique du farniente

(l'un des éléments de décor du film) et du transat figé sur la pellicule de la caméra. Le réalisateur de *Paris-New York* est attentif à l'esthétique du paquebot : une esthétique émergée des tendances qui ont fait le succès de l'exposition des Arts Décoratifs de 1925, qui plaît aux acheteurs Américains et dont le metteur en scène de ce long métrage retranscrit le style par le biais des effets de prises de vue montrant bien le jeu du luxe des lignes, de la modernité des matériaux, de la somptuosité du mobilier des cabines de première classe. Les scènes tournées dans la salle à manger du paquebot laissent ainsi percevoir la volonté des créateurs de mobilier de coupler épuration des lignes et fonctionnalisme : la caméra plonge ici, dans l'architecture intérieure de l'antre des plaisirs raffinés ; elle y capte l'impact d'un ameublement très contemporain dont les élégants sièges de la salle à manger, dotés de tubes métalliques, ne sont pas sans rappeler la fameuse chaise (en tubes d'acier pliés, réduisant son volume) que créa Marcel Breuer, en 1925, pour l'appartement qualifié « Bauhaus » de Kandinsky. Symbolisant l'esprit minimaliste qui ajuste dorénavant les meubles aux dimensions réduites des appartements, ce type de fauteuil associe grâce et raffinement pour estomper le rôle important assigné jusque-là au mobilier et magnifier la structuration de l'espace. [30]

« Vitrine » du nouveau courant artistique qu'est l'Art Déco, le paquebot « Normandie » doit sa célèbre ornementation aux artistes les plus renommés des années Trente, qui exploiteront de nobles matières : le verre gravé, la laque, le marbre, le bois exotique, que met en valeur la lumière pénétrant par les larges baies du bateau…

Extrait de
Paris-New York, film d'Yves Mirande
© 1940 Production REGINA / Editions RENE CHATEAU

La salle à manger du Normandie (détail) :
la richesse d'un *design* raffiné et novateur

IV

LE NON-CONFORMISME : UNE RUPTURE AVEC « L'ESTHETIQUE BOURGEOISE »

Pour oublier les drames de la guerre et les difficultés vécues, fêter le progrès et la renaissance économique, une frange de la population instruite et cossue va, dans les années 1920, refouler les valeurs esthétiques modelées par la fascination des Cours européennes des années d'avant-guerre pour s'extravertir mais aussi exulter au rythme de la culture américaine. Le débarquement (en 1917) des armées des Etats-Unis sur le sol français provoquera, en effet, une remise en cause des pratiques conventionnelles, au profit d'une sensibilisation à cette musique du Nouveau Monde aux rythmes effrénés, à ces modes de vie outre-Atlantiques, synonymes de décontraction et d'exonération des convenances.

A. MONTPARNASSE : UN DES LIEUX CULTES DE L'ART DECO

Ce goût prononcé pour la culture américaine pénètre les milieux artistiques qui proposent, dans les années suivant la guerre, des spectacles (notamment des revues) influencés par ces cadences insolites et étourdissantes : un goût exacerbé et pérennisé d'ailleurs par les voyages vers l'Amérique, réducteurs de distance culturelle, puisque « *toutes lignes confondues, 327 259 passagers de première classe et cabines ont traversé l'Atlantique en 1926 sur un total de 946 266* »[1]. L'intérêt pour l'exotisme grandit et cette strate sociale qui aspire à la libération des corps et des mœurs, s'enflamme pour le jazz, les *negros spirituals*, le *blues*, les motifs africains. Le saxophoniste Sidney Bechet fascine tout comme les dix-huit « *girls* » de Gertaude Hoffmann, au Moulin Rouge (en 1924) et Joséphine Baker, jeune vedette de la « Revue Nègre » (créée en 1925, au théâtre des Champs-Élysées). Darius Milhaud compose un ballet africain dénommé « La création du monde ». L'enthousiasme pour l'africanisme s'ajoute à celui de cette « Russie éternelle » dont Diaghilev avait souhaité traduire, en France, toute l'esthétique [2].

Dans les années d'après-guerre, Serge Diaghilev – qui avait renoué avec la création artistique et donné une nouvelle orientation à ses ballets qu'il avait voulu « néoprimitivistes » – conçut cependant, en 1921, un « grand ballet » : *La Belle au Bois dormant*, un chef-d'œuvre de grâce dans des décors de Léon Bakst mais qui ne connut pas le succès espéré [3]. Aussi, Diaghilev s'orienta-t-il vers une collaboration avec Picasso (pour *Le Tricorne* et *Pulcinella*) ; Francis Poulenc et Marie Laurencin collaboreront à la composition et à la scénographie du ballet *Les Biches* de Bronislava Nijinska (sœur de Nijinski) [4]. Les décors et rideau du *Train Bleu* (autre création de B. Nijinska) seront signés par Henry Laurens et Picasso tandis que les costumes seront l'œuvre de Coco Chanel : « *Elle créa des maillots de bain pour les interprètes, coiffa la ballerine Sokolova d'un béret de daim et lui donna, en guise de boucles d'oreilles, deux grosses perles appelées à devenir un des grands classiques du style Chanel* »[5]. Ce « métissage culturel » que Diaghilev prônait « occidentaliste »[6] – bien qu'en décalage avec le discours identitaire, conservateur, des émigrés aristocrates et intellectuels russes [7] – démontre la réflexion moderniste du « tsar des ballets » [8].

Les peintres russes investissent le nouveau Montparnasse, territoire d'élection de l'avant-garde et où se recrée l'esprit du Quartier Latin : un espace dépeint par Charles-Louis Philippe, à travers les aventures de *Bubu*. Comme l'observe Georges d'Avenel, le pittoresque cabaret montmartrois n'est plus en vogue depuis les années d'avant-guerre. Déjà, après le décès de Rodolphe Senlis (en 1897), les revues spécialisées ont supplanté les spectacles intimistes des cabarets de Montmartre, ainsi que le confirme Warnod, à la veille de la Première Guerre mondiale : « *Les cabarets artistiques sont devenus de petits théâtres où les chansonniers viennent faire leur tour de chant et s'en vont chacun de leur côté* ». L'osmose des cénacles d'avant-garde – refoulée de l'ancien quartier Latin – ne s'avère plus porteuse dans un système dominé par l'économie et le profit que peut assurer un remodelage de l'urbanisme préfiguré par la reconstruction des espaces libérés après la destruction du Maquis. L'impulsion créative est déconcentrée sur la rive gauche qui devient l'univers de la jeune poésie, des mardis de la « Closerie des Lilas » présidés par Paul Fort, expatrié de Montmartre ; « La Closerie » s'avère le lieu des rendez-vous des poètes, des peintres, sculpteurs... « *Le Montparnasse de notre lente fabrication* », constatera André Salmon (qui fréquentait la « Closerie des Lilas ») se métamorphose en un antre des inspirations, de la liberté et de l'extravagance débridée. Dans ce quartier très cosmopolite, s'est fixé Chagall, en 1911. Il s'est installé à « La Ruche » : une concentration de petits ateliers que partagent Léger, Soutine, Modigliani qui y croqua pendant la Grande Guerre, les artistes et intellectuels de cette nouvelle Bohème composite. Une avant-garde – dominée par l'influence des peintres de l'Ecole de Paris – mue par le même besoin de non-conformisme (que représente le surréalisme destructeur de l'esthétique bourgeoise), va s'enivrer de danses et s'étourdir dans les lieux cultes qui ont fait l'histoire de Montparnasse : « Le Dôme », « La Rotonde », « Le Bœuf sur le toit » (où se rencontrent intellectuels, artistes, journalistes, acteurs économiques et politiques), « La Coupole » : un ancien dépôt de bois et de charbon transformé en une élégante brasserie qu'investiront Modigliani, Picasso, Foujita, Soutine, Hemingway, Man Ray, Kiki de Montparnasse... Sous l'impulsion du couturier Paul Poiret, Marie Vassilief – une artiste russe précisément qui avait proposé à l'Exposition des Arts Décoratifs de 1925, un mobilier « extravagant » et luxueux – décore en 1927, le café de « La Coupole ». Le film de Lazare Meerson, *Montparnasse* (sorti en 1932), campe de façon originale, ce quartier artistique des années 30, en émaillant le réalisme du quotidien de Montparnasse, du raffinement des décors imprégnés de toute l'élégance Art Déco.

B. UNE RUPTURE DES LIENS SYMBOLIQUES

La quête de la jouissance est liée à la recherche de lieux hédoniques (music-halls, dancings, cafés, brasseries…) qui permettront d'assouvir ce besoin extrême de plaisirs, de danse et de liberté. L'influence américaine a donc façonné une évolution des mœurs qui passe par la recherche du divertissement euphorisant et anti-conventionnel, la libération corporelle à l'origine d'une nouvelle mode basée sur la commodité : une mode confortable, reflet de l'activité des femmes actrices durant le dernier conflit. Impliquées dans le monde du travail pendant la « Grande Guerre » pour remplacer les hommes partis combattre sur le front, les femmes se sont, en effet, investies massivement dans l'industrie de l'armement (en tant qu' « obusettes », cartouchières…), voire les activités sanitaires : 100 000 Françaises – qualifiées « d'Anges Blancs » – ont, par exemple, été ainsi auxiliaires de la Croix-Rouge (tel fut le cas de la cantatrice Nelly Martyl – devenue infirmière lors du conflit – qui a été surnommée « la fée de Verdun » et, reçu, pour son action, à la fois, la Croix de guerre et la Légion d'honneur). Elles se sont substituées aux hommes pour les travaux de moisson (allant jusqu'à tracter physiquement la charrue, à la place des chevaux réquisitionnés), ont été également, factrices, conductrices de tramway… Seules décisionnaires dans leur quotidien durant ce conflit (dont l'emploi des nouvelles armes a, comme nous le savons, déstructuré physiquement le corps de combattants rentrés du front blessés ou avérés mentalement vulnérables), les femmes portent, soudain, sur la gent masculine un regard inversé aux représentations léguées par la société patriarcale[9]. Malgré une pression pour que ces femmes (qui se sont avérées, un temps, agents du processus économique) se recentrent sur la gestion domestique et se consacrent à l'enfantement dans un objectif de repeuplement du pays, la conscience collective féminine aspire à prolonger cette autonomie amorcée et espérer

Un traitement moderne de l'élément féminin.
Détail du monument aux morts de Vierzon
(square Lucien Beaufrère)
propriété de la ville de Vierzon.

Dessin de Micheline Ganivet

Les tissus vaporeux
deviennent des matières prisées.

Pastel de Micheline Ganivet

un placé social assorti du droit de vote à l'image des Américaines, Canadiennes et Anglaises.

Le corps féminin tente alors de se désentraver de l'ancrage des liens symboliques d'abnégation qui lui ont été imposés dans la culture éducative différentielle « filles/garçons » : une culture basée, depuis l'héritage spirituel de Madame de Maintenon, sur le crédit d'un discours moralisateur, une codification des convenances, la soumission à la norme qui consacrent la femme au foyer, « garante de l'ordre moral ». Dans l'allégresse de la victoire, la danse, les codes vestimentaires et la pratique d'activités sportives (pour les strates privilégiées) vont être les signes physiques de cette libération intellectuelle qui passe aussi par celle des postures. Des vêtements plus fonctionnels vont se substituer aux crinolines encombrantes et inconfortables.

Sous l'impulsion du styliste Paul Poiret, le traditionnel corset est, en effet, occulté pour le port d'une gaine confortable et écourtée, voire de sous-vêtements réduits aux éléments basiques ou conçus dans des matières fluides. Chanel signe des vêtements de jour en jersey ; Sonia Delaunay crée des textiles singularisés, dans l'esprit Art Déco, par l'usage de figures géométriques et la promotion de tonalités ardentes. Les jupes sont progressivement raccourcies à une hauteur du sol évoluant de 26 cm en 1924 à 30, voire 32 cm dès 1930[10]. Le bas de soie dévoile la nudité d'une jambe qu'opacifiait le bas de fil : des codes vestimentaires privilégiant l'image charnelle et séductrice du personnage féminin dans toute sa contemporanéité et qui rejettent l'authenticité des règles dictées par le goût bourgeois. Cette forme de révolte culturelle des femmes peut faire penser à la révolution picturale des peintres impressionnistes qui se sont soustraits – comme nous l'avons remarqué précédemment – des règles imposées par une société matérialiste et conservatrice au profit d'une démarche excluant tout assujettissement culturel. La nudité féminine incarnée par des corps sveltes, fuselés, s'ancre dans la statuaire et les bas-reliefs ainsi que le révèlent la façade des « Folies-Bergères » et

Les motifs géométriques modernisent les textiles.

Pastel de Micheline Ganivet

l'effigie de la « Femme-Ange » rehaussant la tombe du céramiste Louis Lourioux, à Foëcy (Cher). Traitée par le ciseau du sculpteur Charles Lemanceau, cette « Femme-Ange » aux allures de figure de proue s'inscrit dans le plus pur style Art Déco. Sa plastique exhibe l'esthétique corporelle féminine des années 30 : un nouveau rapport à la nudité qui valorise le muscle et la beauté codifiée, le modelé de la silhouette que couronnent les concours de beauté et que dévoilent dorénavant le maillot ou le short de l'entre-deux-guerres. Cette représentation allégorique contextualisée dans une réalité bien contemporaine réactive la qualification de la figure féminine de l'ébauche *Plein air*, comme « *une chair de songe, une Eve désirée naissant de la terre, avec son visage qui souriait, sans regard, les paupières closes* » [11]. Sujet plastique, la « Femme-Ange » désacralisée peut être perçue dans le discours laïque de l'artiste, comme un modèle profane de concupiscence. A l'image de l'œuvre *Le Déjeuner sur l'herbe* considéré, en cette fin de XIXème siècle, impudique, provocatrice (dans la mesure où la mise en scène picturale de Manet dévêt la femme Réaliste et privilégie l'image charnelle, lascive, aux représentations allégoriques du panthéon gréco-romain), la femme émancipée des Années Folles – enclin à une dynamisation des modes de vie – véhicule une nouvelle image de la féminité parisienne. Il s'agit d'une image empruntée aux clichés picturaux de *La Garçonne* de Kees van Dongen ou aux clichés littéraires de *La Garçonne* : un roman de Victor Margueritte – paru en 1922 et vendu à raison de 750 000 exemplaires – scénarisant une jeune femme de bonne origine sociale qui tente d'oublier ses peines de cœur dans l'homosexualité et des comportements puisés dans les excès.

Les attributs de l'émancipation féminine se calquent sur un rapport de proximité physique avec le genre masculin : silhouette mince, élancée, sans marquage de taille et que renforce, dans ce rapport à l'androgynie, le choix d'une coiffure courte. Préférée au traditionnel chignon, la coupe

Détail de la statuaire ornant la tombe de Louis Lourioux
Cimetière de Foëcy (Cher)

Fusain d'Isabelle Papieau

Une coiffure courte :
l'un des attributs de l'affranchissement féminin.

Pastel de Micheline Ganivet

« au carré » (aligné sur les oreilles) correspond ainsi, dorénavant, pour une femme sur trois en 1925, aux canons de l'esthétique et de la modernité. La volonté de se conformer à cette nouvelle mode est, d'ailleurs, inspiratrice d'une chanson *Elle s'était fait couper les cheveux*[12] qui évoque le passage à l'acte. Cette tendance d'opter pour les cheveux courts est aussi fortement relayée par l'image que véhiculent certaines personnalités du monde des Lettres et des spectacles.

Médiatiquement personnifiée sous les traits de Louise Brooks, Suzy Solidor et Kiki de Montparnasse, la femme des années 20 (écrivain, artiste, bourgeoise conditionnée par les avant-gardes et rêvant de révolution culturelle[13]) cultive ce profil androgyne : un profil que survalorise le discours publicitaire qui transparaît parfaitement dans l'autoportrait *Tamara à la Bugatti verte* (1925) et le tableau de Tamara de Lempicka, *St Maurice* (vers 1929). Coco Chanel (dont la maison de couture a été créée en 1916) conçoit une ligne de vêtements qui joue avec l'ambiguïté transgressive des apparences sexuelles : dans cette logique, elle intègre le blazer à sa collection, en 1926. Elsa Schiaparelli propose des « *sweaters* » décorés d'un nœud de cravate traité en trompe l'œil. Le pyjama large et léger, le chandail sportif, la chemise inspirée des modèles masculins, sont imaginés par les couturiers pour renforcer cette tendance à l'androgynie qui se devine jusque dans les accessoires (boutons de manchettes, longs fume-cigarettes et le parfum créé – en 1929 – par Jean Patou, *Le Sien* (couplé au slogan « *For her for him* »). La représentation plastique de l'androgynie – dont le profil équivoque est, ici, accentué par le port de bijoux très repérables (parures en cristal de roche ou déclinées en différents métaux accessibles, sautoirs, pendants d'oreilles, superposition de bracelets rigides) et un maquillage prononcé (sourcils épilés, yeux fardés, rouge à lèvres vif) – apparaît alors, comme un phénomène à la mode : phénomène mythifié dans les productions cinématographiques hollywoodiennes des années 30,

Le port du blazer souligne l'engouement
pour le style androgyne.

Pastel de Micheline Ganivet

Une mode empruntée aux icônes du cinéma

Pastel de Micheline Ganivet

Sautoirs et pendeloques
peaufinent les nouveaux codes vestimentaires.

Pastel de Micheline Ganivet

à travers l'énigmatique et impénétrable style des icônes Marlène Dietrich, Greta Garbo et Katharine Hepburn. L'adoption du vêtement mixte entretenant le mystère et l'ambivalence s'oppose en fait, à la récurrence séculaire d'une « bi-catégorisation » imposée par un ordre social estimé castrateur [14].

La femme citadine privilégiée des « Années Folles », qui a fait le choix d'être libérée, se soucie donc peu des conduites normatives : elle fume, vit la proximité des corps dans la pratique de la danse, voyage, s'adonne aux sports, arbore des éléments de joaillerie dont la géométrie du *design* évoque parfois la ligne des pièces de mécanique, pilote une automobile. « *Les femmes modernes "qui vivent avec leur temps" appartiennent à une génération sportive et active. Elles ne limitent point le rôle de la femme dans la société à une futilité brillante. Elles sont toutes plus ou moins des animatrices. Mme de Gaînza est un des plus grands propriétaires de journaux de l'Amérique du sud, la duchesse de La Rochefoucaud se dépense sans compter au service de la cause féministe. Par leur rang et leur fortune, par la place sociale qu'elles occupent, ces "grandes dames" sont parmi celles qui donnent le ton à la mode* » [15].

Certaines femmes se sensibilisent donc à la pratique du sport : elles font du vélo, jouent au golf, patinent, participent par exemple, en 1930, à un *cross-country* féminin au parc de Saint-Cloud ; Suzanne Lenglen est championne du monde de tennis en 1919, 1920, 1921, 1922, 1923, 1925 et 1926. Le sport – « *école d'énergie et non de vanité* »[16] – est socialement considéré comme un loisir qui « *cultive l'esprit d'initiative au lieu de l'annihiler* », au point qu'un rédacteur du *Figaro illustré* de 1932, écrit qu'il devrait être « *la doctrine* » de la vie de chacun[17]. Ce journaliste met l'accent sur les bienfaits procurés par le fait d'avoir un « corps svelte » – s'affichant comme un facteur libérateur – et ce, malgré la soixantaine[18]. L'athlète est, en effet, considéré jouir « *de la liberté de ses mouvements* » et n'être pas limité à ne faire travailler « *que ses jarrets ou ses deltoïdes* »[19] : une liberté de mouvements présentée comme un contraste aigu avec la spécialisation des tâches de l'ouvrier « *qui passe sa vie à faire des œillères dans un morceau de cuir ou à coudre la même pièce* »[20].

« *Les femmes d'aujourd'hui ont décidé de s'échapper (...) du traditionnel gynécée (...)* », peut-on lire dans un numéro de *L'Illustration* de 1930. « *Abandonnant le foyer où elles filaient la laine et le lin pour l'époux, elles ont rejeté les vains ornements qui entravaient leurs membres impatients du joug et les voici maintenant ivres d'air et d'espace, galopant comme des chevreuils à travers les clairières et les halliers* »[21].

V

D'UNE DECORATION ELITISTE AU *DESIGN* INDUSTRIALISE

« *Les navires de la Transat, inspirés par le triomphe des Arts Déco obligent l'œil du passager à s'habituer aux formes simples, surfaces lisses aux angles droits – mode de la nacre, de l'ivoire, à celle de l'ébénisterie et des essences exotiques* »[1]. L'ornementation de « L'Ile-de-France », de « L'Atlantique », de « L'Europa », du « Lafayette » puis, du « Normandie » (doté d'une salle à manger de 1 000 m^2, dessinée par Pierre Patout et Henri Pacon), transforme ces navires – modelés sur le « *streamline* » – en véritables galeries d'Art Déco : une inspiration pour la décoration des hôtels de prestige, les cinémas et les nouveaux appareils facilitant la vie domestique.

Si les paquebots ont favorisé la découverte des créations contemporaines des années 20/30 en dehors de l'hexagone, la grande Exposition internationale des Arts Décoratifs et industriels modernes organisée à Paris, en 1925, aura été le vecteur promotionnel, ascensionnel, des œuvres des pionniers de l'Art Déco.

A. UNE RECONNAISSANCE NATIONALE ATTRACTIVE

L'internationalisme de ce grand événementiel culturel que fut l'Exposition de 1925 (où plus de 21 pays furent représentés) devait donner à ce nouveau courant émergeant, mixant « Arts décoratifs » et *design*, une dimension dépassant l'impact trans-frontalier. Rendez-vous prestigieux de créateurs particulièrement qualiteux (Mallet-Stevens et Mare pour les décors intérieurs, Jean Puiforçat en matière d'argenterie, Jean Dunand pour les pièces en métaux et laque ou bien encore, la cristallerie Daum, le verrier René Lalique...), cette exposition est décrite comme une vitrine étincelante. Elle ouvre la voie à la reconnaissance officielle d'un style que vont servir les concepteurs précités et autres créateurs de l'époque : Paul Poiret – Leleu et ses collaborateurs (Messager, Serrière) spécialisés dans la marqueterie et qui réaliseront les meubles du « Normandie » – Christofle (orfèvrerie) – Cartier, Van Cleef, Arpels, Chaumet (joaillerie) – Décorchemont (verrier) – Baccarat – Dufy, H. Henry (soieries d'ameublement) – P. Legrain (reliure) – René Prou, Paul Follot qui dessineront respectivement, un piano en sycomore verni pour « L'Ile-de-France » ainsi qu'un un piano en palissandre pour « Le Normandie » – Pierre Rateau (meubles) et, bien entendu, Emile-Jacques Ruhlmann qui a côtoyé, très jeune, dans le magasin de peinture-miroiterie de son père, la sphère des architectes... Ce créateur de meubles-ensemblier – dont le style a conquis le public du Salon d'automne de 1913 – imaginera précisément le Pavillon du Collectionneur à l'occasion de l'Exposition Universelle de 1925 : une œuvre qui lui vaudra une reconnaissance internationale couronnée par une participation au décor des paquebots, l'aménagement et l'ameublement de différents bâtiments publics, de ministères... En perfectionnant lignes et courbes, Ruhlmann a construit un style emblématique du mouvement Art Déco : un style qui est la fusion d'une démarche créative rationaliste et de l'élégance du raffinement.

Conçus par des artistes de la décoration, les meubles « Art Déco » sont le produit d'une recherche de la sophistication, de l'excellence, qui les transmutent en œuvres d'art rares, voire uniques : des œuvres ciblant une clientèle économiquement nantie, avide à la fois, de modernité et de tradition.

Pour accroître le luxe de ce nouveau mobilier destiné aux salons, boudoirs, salles à manger, bibliothèques, cabinets de travail ou de toilette, chambres à coucher, les ensembliers du mouvement « Art Déco » vont avoir recours aux essences précieuses : loupe d'orme, de fougère, d'amboine – bois de violette, de rose, de palmier – ébène de Macassar ou de Cuba, sycomore, amarante, palissandre, ronce de noyer, acajou, thuya, citronnier. Incrustations et contrastes vont peaufiner l'esthétique : meubles de chambre à coucher en amboine verni avec incrustation de bois noir – meubles en érable moucheté verni incrusté de bois noir et d'étain, ébène de Macassar et métal poli. Très apprécié dans les années 1930-31, le métal (laiton, aluminium, cuivre, argent...) coordonné au bois, deviendra aussi, des années 26 à 31, la matière principale de la structure de certains sièges : des créations à tubes métalliques qui auront, par ailleurs, leur place, dans les bureaux du personnel de Robert Mallet-Stevens. Les ensembliers vont alors, imaginer le binôme « métal/cuir », valorisant la « noble » sobriété qui dynamise l'harmonie décorative. Comme les murs, les meubles seront gainés de cuir : une matière estimée suggérer le calme et dotée d'une *« beauté intrinsèque, mystérieuse »*[2].

L'ébénisterie d'art préconisera aussi, pour recouvrir le mobilier, les contrastes de nuances du bois et d'autres matières, générant par exemple, des combinaisons de ronce de noyer et de cuir maroquin, de palissandre et de velours... L'utilisation du galuchat (peau de requin), de la laque, de l'écaille, de la nacre, de l'ivoire et de la peau de python, en tant qu'adjuvant décoratif, témoigne d'une référence à l'exotisme centré, notamment, sur l'art nègre. Le choix de telles matières et de matériaux sublimés, variés (or, bronze, argent, émaux, céramique) magnifie et adoucit la rigoureuse géométrie des lignes ; ne reposant plus sur des pieds mais sur des bases carrées, polygonales ou circulaires, le mobilier « Art Déco » intègre des surfaces dont la bonne dimension (impulsant l'acte créatif) va servir la démarche artistique des ensembliers misant sur l'esthétique d'un équilibre de la magnificence et de l'austérité[3]. Les motifs sculptés sur ces surfaces disponibles (générant des reliefs en ronde bosse ou dur-plat) empruntent leur genre, dans une forme stylisée, au registre géométrique, animalier, végétal (feuillage ample) ou floral, le plus souvent, en aplat[4]. Traité en guirlande, en corbeille ou en bouquet, le motif de la rose (créé par Iribe) est très prégnant et a influencé, entre autres, Paul Vérat, Maurice Dufrêne, Paul Follot, Süe et Mare[5].

Cependant, un article (extrait du *Figaro Illustré* de juin 1932) parle à propos du XXIIème Salon des Artistes décorateurs organisé au Grand Palais, de « *jansénisme décoratif* », expliquant que, depuis une dizaine d'années, « *nos décorateurs continuent à aimer les surfaces nues, les couleurs rigides, les formes anguleuses, les matériaux austères* »[6]. Le Cubisme a, en effet, insufflé l'épuration des formes et la sobriété de leur géométrie : une géométrisation que l'on retrouve, ainsi que nous l'avons vu, dans la configuration du mobilier (comme en témoignent, par exemple, les formes trapézoïdales du piano que créa Ruhlmann pour le salon d'un banquier esthète), les tissus (jersey de Montescourt présentant des chevrons en relief…), la vaisselle de table (assiettes carrées de Jean Luce, discrètement ornées d'une bande d'argent). Guettant les modèles novateurs et les « idées inexplorées », la cible féminine concernée semble fonder ses motivations d'achat sur la quête de « *l'imprévu et de la nouveauté* »[7]. La nouveauté, en art décoratif, repose donc, en partie, sur l'équilibre d'une géométrie sobre et esthétisante : une mise en scène de la géométrie que l'on repérait d'ailleurs, dans l'œuvre des « Ballets Russes » (notamment, dans *Schéhérazade*) qui a, comme nous le savons, influer aussi sur l'Art Déco. « *L'austère et dogmatique façon dont certains "ensembliers" conçoivent l'art de la décoration intérieure me paraît formellement contraire au goût français. Ces simplifications systématiques, cette sécheresse agressive, ce puritanisme autoritaire n'ont rien de chez nous, et les arguments d'ordre économique que l'on nous propose pour les rendre acceptables sont aussi fallacieux que fragiles* »[8]. Gabriel Mourey constate, en 1930, que la nature ne crée pas de lignes droites, ni de formes géométriques, à l'exception « *du monde mort des rocs et des cristaux* », ajoutant que « *toujours, les problèmes posés par la vie se résolvent par des incurvations de la matière sous l'action de la force* »[9]. Adhérant à l'idée que la sagesse vient de la vie et non de la ligne droite, des ensembliers choisissent, pour répondre aux attentes d'une clientèle soucieuse de vivre dans des intérieurs conformes à la philosophie du compromis « tradition / modernité », d'être « *les continuateurs* » des « *leçons du passé* » sans « *abdiquer* », pour autant, « *leurs droits à l'originalité et à la nouveauté* »[10].

Le poids de la tradition suggère ainsi, à Jean Leleu – qui se verra confier, en 1936, la décoration du grand salon des ambassadeurs de la Société des Nations à Genève – le jeu des styles hérités de l'Ancien Régime (dans l'esprit du XVIIIème siècle) et d'une simplification des lignes, jugée symbolique de la morosité du contexte économique ambiant des années 1930 imposant une certaine retenue. Un moins grand « *mépris pour le passé* »[11] est, parallèlement, remarqué par la presse lors du XXIIème Salon des Artistes décorateurs (en 1932) : « *L'austérité se tempère par l'utilisation d'étoffes douces au toucher et à l'œil, les satins brillants, les soies souples, les velours moelleux, les tièdes fourrures, et le goût des tonalités tendres* » (…)[12]. Lafaille et Frayssey y apparaissent comme *« les continuateurs originaux et savoureux des "ébénistes" du temps de Charles X et de Louis-Philippe* »[13], concrétisant habilement le désir d'être « *nouveau* » sans désirer être « *moderne* »[14].

B. UNE MISE EN SCENE DES MATERIAUX

La lumière exalte les volumes, les bois et les métaux précieux. A l'Exposition Internationale des Arts décoratifs de 1925, « *le marbre des dalles, le bois des plafonds, les petits cristaux des portes aux fleurs argentées, les verreries des luminaires aux plafonds, étincelaient de lumière, de douceur immatérielle et ensorcelante. On aurait cru un palais de contes de fées* »[15]. Le rapport à la lumière scénographie les intérieurs. Ainsi, chez Cécile Sorel (au Rond-Point des Champs-Elysées), les murs des pièces désormais ouvertes (et non plus séparées) offrent de larges surfaces nues, permettant la création d'un décor de lumière : une lumière « *d'or et d'argent, "chaude, profonde, précieuse"* ». Omniprésent, « *un revêtement de métal fastueux, 25 000 feuilles d'or sur parchemin tapissent les trois pièces de réception et la salle d'entrée* »[16]. Le miroir capte toutes les harmonies : « *C'est le ciel, avec ses bleus de printemps, ses gris d'hiver, ses blancheurs fugitives de nuages ; ce sont les verdures des platanes qui se meuvent devant les fenêtres* »[17]. La fascination pour la lumière reste l'un des *leitmotivs* de l'art moderne : une recherche construite sur la saisie directe des atmosphères qu'a valorisé le travail des Impressionnistes, fruit de l'aboutissement du Réalisme (marqué par le courant positiviste) et de l'émergence de la photographie (produit des recherches sur les sensations optiques). « *Ce que je sens, c'est que le grand décor romantique de Delacroix craque et s'effondre ; et c'est encore que la peinture noire de Courbet empoisonne déjà le renfermé, le moisi de l'atelier où le soleil n'entre jamais... Comprends-tu, il faut peut-être le soleil, il faut le plein air, une peinture claire et jeune, les choses et les êtres tels qu'ils se comportent dans la vraie lumière, enfin, je ne puis dire, moi ! notre peinture à nous, la peinture que nos yeux d'aujourd'hui doivent faire et regarder* »[18], affirme Lantier dans *L'Œuvre* de Zola. Lors de l'observation directe du peintre Lantier (héros de *L'Œuvre*), l'écrivain relève que l'œil accentue les nuances riches de délicatesse, à tel point que « *son originalité de notation, si claire, si vibrante au soleil, tournait à la gageure* »[19]. Le roman zolien exhibe, à la façon des Impressionnistes, la préférence pour l'influence des heures sur la clarté. Dans les représentations (littéraires ou picturales) dix-neuviémistes, la lumière est indissociable de cette « science des reflets » qu'évoquent justement les naturalistes (Zola, Maupassant…) et qui dominera la « période d'Argenteuil ». A la dissolution picturale du corps (industriellement instrumentalisé et symboliquement « procréateur »), se combinera, depuis l'Impressionnisme, l'exploitation exultante de la lumière, dont l'image de fluidité (synonyme d'évanescence libertaire) paraît antinomique de la notion de densité estimée aliénante. Cette maîtrise sensitive d'une esthétique jouant avec la lumière fit précisément la force des créateurs de l'Art Nouveau, dominés par les verriers de l'Ecole de Nancy dont les œuvres – comme celles des autres artistes de cette "*alliance provinciale des industries d'art*" – seront promues par le collectionneur et mécène Eugène Corbin (fils du fondateur des Magasins Réunis, à Nancy). Plus encore, les adeptes de l'Art Déco – dont des verriers de l'Ecole de Nancy (Majorelle, Grüber, Muller...) – vont s'adonner à une valorisation jubilatoire du travail du verre, conducteur de lumière. Parmi eux, René Lalique – un artiste-décorateur verrier – allie une facture « Art Déco » soulignée par l'usage des verticales, à des éléments du discours symboliste (approche plastique de l'allégorie, du mythe, du rêve [20]), de l'Art Nouveau dont il cultive à la fois, le style curvilinéaire, l'ornementation naturaliste et la représentation sensuelle de la femme. Le parcours de René Lalique (né en 1876) le familiarise avec l'usage technique, architectural et graphique du verre : après avoir fréquenté l'Ecole des Arts Décoratifs de Paris, il suit des cours au collège de Sydenham (une école d'art localisée dans le « Crystal Palace » : un immeuble de métal et de verre). Sa formation dans les écoles de Beaux-Arts britanniques lui fait percevoir les ressources des recherches avant-gardistes amorcées par le transfert au vitrail que réalisa Louis Comfort Tiffany, des cartons communiqués par Toulouse-Lautrec et les Nabis [21] : des recherches qui allaient être prolongées et aboutir dans l'univers artistique européen, à un phénomène d'abstraction picturale (émergeant des vitraux de Kandinsky, Mondrian, Arp...), assortie d'une restriction de la palette chromatique [22]. La « *diffusion internationale* » du vitrail abstrait – dont la fonction est de décorer appartements et édifices publics – représente en fait, selon José Pierre, un intérêt manifeste dans la mesure où il est « *le signe irréfutable d'une universalisation de l'Art Nouveau et de ses solutions esthétiques* » [23].

1918 correspond à un important développement de la création verrière, exposée tant en Europe qu'outre-Atlantique. René Lalique participera activement à l'Exposition Internationale des Arts Décoratifs de Paris (1925), en présentant ses propres flacons et en imaginant une porte d'honneur (rehaussée de panneaux en verre dépoli). Il concevra également, à cette occasion, une fontaine extérieure (simulant un arbre aux branches givrées), la décoration du stand de parfumerie Roger et Gallet ainsi que d'une salle à manger aménagée dans le pavillon de la Manufacture Nationale de Sèvres : « *C'était une pièce éclairée de luminaires modernes, aux murs de marbre ornés de céramique d'argent* » [24] : une ornementation murale dont Gustave Geoffroy apprécia les « *genres de motifs en formes arborescentes rappelant ces fleurs de givre qui, l'hiver, embellissent la plus humble des fenêtres* » [25]. René Lalique ornera, entre autres, la salle d'exposition du Cours-la-Reine (à Paris), l'Oviatt Building à Los Angelès (en 1928), le grand magasin John Wanamaker à Philadelphie (en 1932) et créera luminaires, accessoires de table, panneaux en verre pour le prestigieux paquebot « Le Normandie ». L'artiste verrier s'adonnera à la décoration intérieure, en jouant tout particulièrement avec les effets de la lumière, à partir de luminaires muraux intégrant verre clair et dépoli (plaques murales illustrant tulipe ou vol de moineaux, appliques en forme de demi-lune ou demi-cône, voire assorties d'un abat-jour représentant une fleur) [26]. Pour parfaire l'esthétisme de la projection de la lumière, Lalique proposera aussi des lampes aux globes géométriques ou des plafonniers originaux, étonnants pour « *diffuser la lumière par les surfaces moulées du verre et pour se servir du plafond comme d'un élément réfléchissant (...) ; ainsi, il créait un effet en deux nuances ; un relief de feuilles ou de fruits (...) faisait office de lentilles en concentrant la lumière devenant des points aux couleurs chatoyantes contrastant avec la lumière tamisée qui l'entourait* » [27]. Les abat-jour Lalique sont alors, déclinés en blanc, en marron et en vert [28] : un mariage de la lumière et de la couleur qui rappelle cet enthousiasme des Fauves pour ces « orchestrations » ardentes de couleurs pures, devenues génératrices d'espace et de lumière. Avec le Fauvisme et le Cubisme, a émergé l'Art Nouveau, alors que « *le climat du temps tire* », à cette époque, « *vers le spiritualisme mystique comme vers l'anarchisme* » [29]. D. Nourrisson relève, dans ce contexte, que « *l'intuition veut l'emporter sur la raison, les forces affectives sur le rationalisme, la folie sur la sagesse* » [30]. Legs du Fauvisme et des « Ballets Russes », les couleurs vives et insolites sont prônées par l'Art Déco pour agrémenter les intérieurs (un boudoir aux murs orangés est tout à fait significatif de cet état d'esprit). Lalique créera ainsi, des objets décoratifs dans une gamme variant d'un « bleu électrique » [31] à un « vert émeraude des plus osés » [32].

La création novatrice et la maîtrise de la technique pénètrent aussi le champ de la céramique. Ainsi, Louis Lourioux (industriel céramiste à Foëcy, dans le Cher et qui connut à Paris, l'artiste Dufrène) se consacrera à la recherche de formes et de pâtes simulant le grès. Dans le cadre de son programme de recherches, Louis Lourioux – séduit par les innovations de Sèvres – modélisera, entre 1925 et 1930, vases, pichets, bouteilles, sujets divers : des pièces atypiques (entre autres, des œuvres singulières, aux formes inspirées des éléments de la nature) dont certaines sont d'ailleurs présentées au Musée des Arts Décoratifs de Paris, au Pôle de la porcelaine à Mehun-sur-Yèvre (Cher) et au Musée Vivant de la porcelaine à Foëcy (Cher). Si des artistes ont, en effet, contribué à propulser l'Art Nouveau au sein des fabriques berrichonnes, d'autres y ancreront l'esthétique de l'Art Déco : il s'agit notamment, outre Louis Lourioux, d'Edouard Sandoz, Charles Lemanceau et Odette Domergue qui façonnera d'ailleurs – en 1924 – *La Faune et la Belle* pour la manufacture de porcelaine d'Orval.

Décoration en céramique.
Ancienne demeure de Louis Lourioux, à Foëcy (Cher), propriété, aujourd'hui, de l'usine de porcelaine Deshoulières.

Monument aux morts de Foëcy (Cher)
propriété de la commune de Foëcy.
Frise florale décorative de la manufacture Louis Lourioux

C. DE LA PIECE DE COLLECTION A LA DIFFUSION EN SERIE

Lalique – qui créera des flacons de parfum pour une quinzaine de parfumeurs (dont Coty, Worth, D'Orsay, Houbigan, Roger et Gallet…) – réalisera aussi, sculptures sur verre, bouchons de radiateur, chandeliers, cadres, boîtiers d'horloges, presse-papiers, serre-livres, sceaux et cachets, boîtes (à bijoux, pilules) ornées de bas-reliefs, vaisselle de table (carafes, assiettes, verres, porte-couteaux et porte-menus, gobelets, bols, plateaux, plats à cake, coupes à crème…) : autant d'objets décoratifs ou fonctionnels, aux lignes stylisées, esthétisées par le savant contraste du verre transparent et « opalescent ». L'élargissement de la gamme de produits Lalique se concrétisera également par la fabrication de vases en série qu'autorisera la technique du moulage, induisant une élaboration plus économique et plus rapide.

Le Bulletin du Comité Central technique des Arts Appliqués et des Comités régionaux ne déclarait-il pas, précisément, en 1917 : « *L'ouvrier et l'artiste ne deviennent véritablement artisans que lorsqu'ils créent des objets à la fois utiles, sincères et beaux, c'est-à-dire répondant aux trois conditions de la destination, de la matière et de l'expression* »[33]. Ce Comité attire donc, l'attention, en 1917, sur l'enseignement et le sens de l'invention. Il estime que l'enseignement doit à la fois, être technique et artistique ; il considère également que l'enseignement technique et l'enseignement artistique seront simultanément théoriques et pratiques, dans la mesure où le sens de l'invention et le sens artistique ne profitent de l'examen d'ouvrages anciens que si la technique professionnelle et l'habileté manuelle sont déjà maîtrisées. Les manufactures vierzonnaises Denbac (travaillant les formes et l'esthétique des émaux), Berlot-Mussier (spécialisée dans la majolique et la faïence fine), figureront au rang de ces fabriques qui feront de l'Art Déco, une dynamique artistique de leurs productions. L'entreprise Denbac enrichira ainsi, le grès des années 30, de coulures ou de motifs géométriques et floraux ; la manufacture Berlot-Mussier – spécialisée dans la majolique puis, dans la faïence fine – créera quant à elle (de 1927 à 1940), la collection ODYV diversifiée en autant d'horloges décorées de figurines en ronde bosse ou de sujets appartenant au registre du bestiaire.

« *Nous voyons combien la réflexion sur le mode de collaboration entre "l'industrie", les concepteurs et les circuits commerciaux dont le rôle n'est pas à négliger, a pu évoluer dans les faits, grâce aux théoriciens viennois ou à ceux du Bauhaus. Cette évolution fut particulièrement sensible dans la production en série car rares furent les artistes céramistes qui ne se posèrent pas le problème d'une production et donc d'une diffusion de petites séries à partir d'un modello bien étudié privilégiant l'aspect unique* » [34], cite un article de la revue *Art et Décoration* de 1937, reprenant les propos d'Ozenfant.

Des ateliers vont donc diffuser l'Art Déco en accélérant la production en série, de mobiliers et d'objets issus de ce mouvement, à des prix compétitifs. Associant fonctionnalité et épuration des lignes, les appareils ménagers vont eux aussi incarner à la fois, l'esthétique du *design* en vogue et la séduction du confort que facilite, désormais, l'électricité. Ils apparaissent ainsi, comme le remède potentiel à la carence des domestiques partis travailler – depuis la fin de la Grande Guerre – dans les usines ; ils sont, d'autre part, perçus comme un gain de temps pour toutes ces femmes qui ont contribué à la dynamique industrielle en temps de guerre, cultivent le souci de demeurer actives et croient en ce nouveau concept « d'industrialisation du ménage ».

Le goût de la modernité se décrypte à travers les attentes des jeunes ménages : « *Les copies de style ne figurent plus dans la production de nos argentiers, que pour 25 % à peine* », peut-on lire dans un article du *Figaro Illustré* de 1932 ; « *La génération de l'après-guerre, celle qui se marie et "monte son ménage", n'a plus l'âme de collectionneur des contemporains de Marcel Proust. Sur dix services de mariage choisis par les jeunes fiancés, huit ou même neuf sont de tendance moderne* »[35]. Modernité et confort deviennent donc les priorités des adeptes de l'Art Déco des années 20/30, des adeptes charmés par les sièges aux allures de « fauteuils Club » et les tout nouveaux « *cosy-corners* »... Ayant exposé au Salon des artistes décorateurs des meubles en bois de rose (en 1926) et après s'être initié à la technique du placage, de l'exploitation du bronze et du travail de la dorure, Printz s'est révélé fervent de la « *syntaxe de la courbe* » [36] et de la fameuse ligne droite. Aussi, fit-il le choix de faire primer la pureté des lignes sur tout questionnement relatif à l'opportunité d'une ornementation et abandonnera-t-il, à partir de 1927, le bois de rose pour diversifier sa clientèle en lui proposant un mobilier en essences précieuses (ébène, palmier), laque (dans les années 30) ou bois plus humbles (palissandre, noyer)... Soucieux des nouvelles attentes axées sur un usage fonctionnel des meubles et le confort, Eugène Printz prévoira des mécanismes astucieux : système de portes coulissantes, taquets pour supporter les tablettes escamotables [37].

Le modernisme – révélateur d'une société en mutation – avait, vers la fin du XIXème siècle, subi l'influence d'une politique de masse (singularisée par les discours idéologiques sur l'enseignement, instrument de distance entre les classes sociales) ; l'industrialisation avait, à cette époque-là, servi une production de masse ; les associations de capitaux avaient, alors, pour objectif la diminution du coût des produits manufacturés au profit d'une consommation massive de ces derniers amplement diffusés dans les nouveaux grands magasins. Dans les années 20/30, le grand magasin reste ce pourvoyeur de biens de consommation. Les ensembliers et industriels que l'influence de l'Art Déco a gagnés, vont, par le biais d'un abaissement des coûts réducteur des distances sociales, cibler par de nouveaux procédés de production, les populations moins privilégiées. Le grand magasin – qui s'affiche comme le temple du bonheur et du bien-être – fait ainsi l'objet d'une décoration expressive et met en scène ces produits promotionnels de l'Art Déco. Dans cette logique commerciale, les décorateurs des Nouvelles Galeries de Bourges (reconstruites en 1930, après l'incendie d'un premier bâtiment) ont fait référence à la polychromie en vogue, pour choisir « *le vaste tapis à ramages multicolores* » destiné au Salon de modes [38]. Pour parfaire cette touche de modernité, les sols cimentés des « Nouvelles Galeries » avaient été, au nouveau des étages, recouverts de cette nouvelle matière qu'était le linoléum : un revêtement confortable, décliné en fonction d'une grande palette de dessins et, plus hygiénique, comme le rappelait une publicité « Balatum » [39].

VI

L'ART DECO DANS LA VILLE : DES STATIONS FESTIVES AUX CITES « PILOTES » OU « LABORATOIRES »

Dans un contexte culturel associant la qualité de vie au concept de modernité, le mouvement Art Déco surdimensionne – comme nous venons de le constater – la conjugaison de l'art et de l'artisanat. D'un art élitiste unissant art moderne et matières les plus nobles, l'Art Déco s'est donc adapté à une plus large cible, guidé par les avant-gardes principalement allemandes (avec le Bauhaus) et provenant des Pays-Bas (le mouvement *de Stijl*).

A. LA SIGNATURE DE L'OPULENCE

1. L'Art Déco et la ville festive

Des stations balnéaires à la mode dans les années 20 arborent les empreintes d'un bâti Art Déco ; citons, parmi elles : Dieppe, Deauville, Biarritz, Nice, Saint-Jean de Luz…

Fréquentée par le roi Alphonse XIII d'Espagne et André Citroën, Deauville draine, durant les Années Folles, une clientèle fortunée, venue de Paris et d'Angleterre ; elle s'enrichit, en 1923, de la célèbre Promenade des Planches, en azobé (un bois exotique) et devient motif littéraire, grâce au décor de son hôtel du Golfe dans la série *Hercule Poirot*. Première station balnéaire française jusqu'en 1914, Dieppe sera dotée, en 1932, d'un casino Art Déco qui remplace le casino mauresque. Les grands couturiers (Poiret, Chanel, Hermès) ont ouvert boutiques et ateliers dans ce pôle de la fête mondaine des années 20 que fut Biarritz, nantie (jusqu'à l'issue fatale – en 1932 – de la crise économique), d'une hôtellerie de luxe d'une potentialité de plus de deux cents chambres et suites princières. Anglais et Américains hivernent à nouveau, depuis 1919, à Nice qui devient ainsi, l'un des antres des Années Folles, dynamisé par le lancement de la saison d'été à partir de 1925. L'influence de l'Exposition Internationale des Arts Décoratifs de Paris – la même année – marque le paysage de la

Promenade des Anglais, de constructions Art Déco dont la façade du Palais de la Méditerranée (édifié en 1929, par Charles et Marcel Delmas). L'église niçoise « Notre-Dame Auxiliatrice » sera pourvue de claustras lumineux suggérant l'œuvre d'Auguste Perret et décorée d'émaux, de mosaïques, de fresques d'Eugène Doucet. L'hôtel Martinez de Cannes sera aussi la preuve tangible de cet intérêt qu'ont éprouvé les architectes et une clientèle internationale de touristes huppés pour l'Art Déco : un style qui s'est encore épanoui par exemple, à Saint-Jean de Luz et le long de la Côte Basque.

A l'armistice de la Grande Guerre, a succédé une période de tonicité – caractérisée (comme nous l'avons relevé) par une volonté de libération, une recherche de lumière et de couleurs pures – qui a gagné parallèlement, les curistes des stations thermales. Dans les parcs de Vichy, les cheveux courts (dans l'esprit de « La Garçonne »), les sourcils épilés et les sautoirs de perles ont remplacé les capelines et blouses ornées de « Valenciennes ». Les succès de Joséphine Baker et l'optimiste *Tout va très bien Madame la Marquise* ont éloigné des allées, les limonaires et des salles des Fêtes, les sautillants quadrilles. Du Vichy « Belle Epoque » au Vichy des « Années Folles », les faisceaux du temps ont entaillé la ville, d'aménagements à la mode... La pergola du parc des Sources est installée en 1928. Situé à l'emplacement du café de l'Univers (un des plus anciens établissements de Vichy), le petit casino est inauguré le 9 juillet 1929 ; il est fait appel pour son ornementation, au maître-verrier limougeaud Chigot. Les décorations intérieures des villas vichyssoises des années 30 s'inspirent de ces nouvelles tendances : elles optent pour les motifs stylisés, les meubles en ronce de bois, les fauteuils de cuir ovales... Le modern'style (épuré, géométrique) a interpellé l'Art Déco ; à l'époque où les aquarellistes peignent délicieusement, ibis et arums, le Parc de l'Allier se métamorphosera dans les années 34 : des îlots seront aménagés et s'orneront de nymphéas, d'iris, de salicaires... A Vichy, le temps aura construit son œuvre sur les bases de l'élégance et de la modernité…

2. Une incursion de l'Art Déco dans l'Art colonial

L'Art Déco s'avère donc, révélateur des nouvelles pratiques et lié à un souffle de modernisme. Pourtant et paradoxalement, les concepteurs de certaines façades d'immeubles des années Trente ont recours au registre d'un bestiaire évoquant l'exotisme des arts primitifs : par exemple à Paris, un éléphant figurant sur l'immeuble du Saulnier (6 rue Duguay-Trouin) ou la faune africaine sertie de pierres colorées, qu'a sculptée Pierre Saupique sur la façade du bâtiment édifié pour la Société financière française et coloniale. Il paraît alors, intéressant de se questionner sur l'origine et la symbolique de sculptures aussi atypiques dans la capitale.

a/ Les archétypes d'un empire colonial exubérant

Vestige de la première et spectaculaire Exposition coloniale de 1931, le Palais de la Porte Dorée (ancien musée des Colonies, 239 avenue Daumesnil, dans le 12ème arrondissement de Paris) se singularise par un bas-relief symbolisant l'abondance des ressources de l'empire colonial français. Sculptée par Alfred Janniot (qui a participé à l'Exposition internationale des Arts Décoratifs de 1925 et deviendra le décorateur des paquebots « Ile de France », « Normandie »), cette fresque de 1 100 m^2 – typiquement « Art Déco » – valorise la France (et ses ports), synonyme dans les représentations collectives, de matrice civilisatrice : la théâtralisation d'une France moteur d'un rayonnant empire colonial (Asie, Océanie, Afrique, Antilles) pourvoyeur de richesses économiques et culturelles. L'interprétation artistique et archétypale, sous le ciseau du sculpteur, de jungles proches de l'onirisme sensibilise la population de l'hexagone, à des images de possessions coloniales : des images dans la mouvance de l'art exotique, de l'incitation au dépaysement suscité par la décoration des manèges (où les éléphants, les lions, ont succédé aux animaux de la ferme) et de l'Exposition internationale coloniale qui accueillit, de mai à septembre 1931, plus de 8 millions de visiteurs.

D'un grand impact médiatique, cette exposition coloniale de l'entre-deux-guerres (organisée au bois de Vincennes) aura été très fréquentée et marquera les esprits d'un foisonnement de clichés fabuleux : des clichés orchestrant autour d'un discours « ethnocentrique », à la fois, architecture, décors et animations voulues pittoresques pour véhiculer, dans une dimension d'ancrage, la mission jugée « civilisatrice » du système colonial français. Inaugurée le 6 mai 1931 par Paul Reynaud (ministre français des Colonies), Gaston Doumergue (Président de la République) et Hubert Lyautey (commissaire général de l'exposition), cette manifestation stratégique – désirée glorieuse pour la mémoire de la IIIème République – avait donc précisément pour vocation stratégique, de sensibiliser le grand public à la conscience des actions coloniales françaises : une sensibilisation qui passe – pour contrecarrer l'émergence d'une crise réactive de la colonisation asiatique [1] – par une mise en scène visuelle de l'ethnologie, de la « politique indigène », de l'artisanat, du commerce et de l'industrie de cet empire colonial abordé dès l'école mais, réduit à un discours didactique.

b/ Une « imagerie » coloniale

L'Exposition coloniale de 1931 convie donc un large public à un dépaysement chimérique : dépaysement au gré de pays lointains, mythiques, mal connus, qui font fantasmer l'imaginaire et que, seuls, jusqu'à cette période, peuvent procurer les voyages touristiques élitistes, les missions, la pérennité d'un goût pour l'exotisme depuis le siècle des Lumières, le culte littéraire du « bon sauvage » et de « l'état de nature » qui prône les territoires utopiques, les discours rousseauistes. Dans cette période de l'entre-deux-guerres, la production romanesque (littérature populaire et enfantine d'imagination singularisée par l'aventure – romans exotiques descriptifs ou « impressionnistes » – romans « africains » rédigés par des auteurs coloniaux – poésie – théâtre) entretient avec les expressions (« *Saïgon, perle de l'Orient* ») et la chanson dite « coloniale » (*Ma Tonkinoise*, *Sous les palétuviers*...), cette fascination pour l'étrange et l'étrangeté édulcorée : une fascination qu'exploitent d'ailleurs à cette époque, les marques de produits qualifiés « exotiques » (chocolat, café, tabac...) en recourant aux représentations sociales engendrées par les icônes coloniales.

Dans un décor de théâtre d'eau et de fontaines monumentales (rappelant ainsi, l'engouement du mouvement « Art Déco » pour l'élément aquatique), les « industriels » exposant au sein de cette exposition internationale ont choisi de marier abstraction du mythe et concrétion : tel fut notamment le cas des industriels du chocolat – les marques « Banania » (ayant fait de son emblème, en 1915, un tirailleur sénégalais) et « Menier » (disposant de ses propres plantations de cacaoyers au Nicaragua, de sa raffinerie de sucre et de sa flotte de marine marchande) – qui ont popularisé l'appétence pour le chocolat, au point d'en assurer une grande production. L'industriel Menier sera, en effet, à l'origine, des premières tablettes de « chocolat des ménages » qui démocratisera le goût culinaire du cacao : produit dont l'iconographie dix-neuviémiste aura entretenu le fantasme (toujours récurrent dans les années 30) à travers, par exemple, des clichés tropicaux ou sensitifs (images de torréfaction...), informatifs (gravures de Froment, d'après des dessins « sur le vif » de Renouard, dans un numéro de *La Revue Illustrée*). Denrée dont la consommation est désormais élargie à la fin de ce premier tiers du XXème siècle, le chocolat est donc, tout naturellement, promu à l'Exposition coloniale, dans la mesure où son histoire insolite repose sur un héritage patrimonial et des sources exotiques : arrivé d'Outre-mer au même titre que le café ou la canne à sucre et servi aux collations organisées par Louis XIV à Versailles, il est associé à la richesse des évocations des premières chocolatières en métal précieux qu'avaient offertes les ambassadeurs siamois au monarque. Couplé à des clichés sensoriels visuels (le moussoir qui fait écumer la boisson chocolatée en ébullition) ou olfactifs (le cacao torréfié et ses aromates : la vanille, le poivre d'Inde, la girofle, l'ambre gis, le musc, la cannelle...), le chocolat saura résister – au XVIIème siècle – aux avertissements de Madame de Sévigné qui le considérait comme « *la source des vapeurs et palpitations* » pour finir par connaître ses heures de gloire : Ninon de Lanclos (chez qui Voltaire goûta au chocolat) n'attribua-t-elle pas à l'usage de cette boisson, le secret de sa beauté ? D'un usage privilégié (qui en fit son exception), le chocolat est devenu, pour la société des « Années Folles », un produit de consommation populaire : les chiffres de tonnages de cacao exportés, par exemple, de la Côte d'Ivoire vers la France (essentiel acheteur avant la Seconde Guerre mondiale) sont éloquents de cet engouement : 29 750 tonnes pour les années 1928-1932, 41 570 tonnes en 1934, 49 720 tonnes en 1936 et 52 720 tonnes en 1938...[2] Aussi, le chocolat est-il fortement porteur en 1931 : un intérêt qui conduira d'ailleurs, la marque « Menier » à disposer d'un pavillon lors de la fameuse Exposition coloniale...

Propagande d'un « paternalisme » appliqué au colonialisme, cette première Exposition internationale coloniale se veut donc, le miroir à Paris, de « l'œuvre économique de la France » dans « son » empire colonial : un empire où la présence française marque de son empreinte, l'architecture du bâti et dote certaines constructions (notamment, les établissements de services publics), de références au nouveau style « Art Déco ». Ainsi, l'Institut Pasteur à Dakar en est-il l'un des exemples. Au service de l'hygiène, de la santé publique et construits au moyen de crédits prélevés sur l'impôt colonial, cet Institut a été souhaité, par sa conception et son architecture, à la hauteur de la capitale de l'Ouest africain, de la maison de Pasteur et de ses découvertes (dans ce même Institut et lors de l'épidémie de fièvre jaune de 1927, Mathis et Laignet avaient, en effet, isolé l'une des premières souches du virus amaril). Mais, conjugué à une architecture néo-traditionnelle africaine, méditerranéenne ou asiatique issue des schèmes culturels locaux, le style « Art Déco » – vecteur de modernisme et de maîtrise technicienne du présent – est estimé symboliquement participer au processus d'intégration : c'est le cas d'un bâti africain ou indochinois au style mixte ; c'est aussi celui de l'hôpital Avicenne, édifié dans la banlieue de Paris, en pleine période coloniale (pour accueillir les ressortissants marocains en France).

Cette Exposition coloniale aura aussi été l'occasion de surexposer l'art primitif africain (un art qui avait, précédemment, orienté la démarche de Picasso) et d'en imprégner le grand public : une sensibilisation qui sera d'ailleurs à l'origine de ce goût toujours plus prononcé pour les formes minimalistes de l'Art Déco.

B. LES CITES « PILOTES » OU « LABORATOIRES », VECTEURS DE L'ART DECO

Les effets dévastateurs de la Première Guerre mondiale ont nécessité une reconstruction des villes meurtries. Parmi elles, sont recensées Reims (près de 9 000 immeubles démolis et aux environs de 5 000 endommagés en 1919), Amiens (7 000 maisons détruites et 3 000 dénaturées, à l'issue de la guerre) : deux villes précisément dont les plans de reconstruction ont intégré ce souffle d'engouement pour l'Art Déco.

Ces villes « pilotes » vont partager cet enthousiasme pour une architecture purifiée aux structures décorées, avec des

Immeuble rue Armand Brunet, Vierzon (Cher)
Détail de façade.

Fusain d'Isabelle Papieau

villes « laboratoires » mues par une volonté de donner une visibilité aux recherches – croisant art et artisanat – émergées de leurs pôles de production : ce sera le cas de Vierzon (dans le Cher). Cité industrielle et centre de la céramique, Vierzon – qui dispose, depuis 1887, d'une Ecole Nationale Professionnelle dont la renommée est associée à la qualité des nouveaux enseignements – a bénéficié de l'imprégnation des « sortants » d'école pour ce courant novateur : une imprégnation qu'ils ont voulu pérenniser et dont ils ont gravé la façade de l'habitat en construction (entre autres, les immeubles des porcelainiers-céramistes vierzonnais, marqueurs emblématiques du savoir-faire de ces derniers). A trente kilomètres de cette cité porcelainière, une autre ville s'est aussi intéressée à cette nouvelle mouvance : Bourges, animée toutefois, d'un esprit plus conservateur mais gérée par une municipalité socialiste sensible à cette dichotomie « art de vivre/modernité » et qui, profitant de l'euphorie économique de l'entre-deux-guerres, connaîtra l'ouverture de nouveaux commerces conçus dans un style Art Déco.

1. De l'épuration architecturale à la décoration des structures

Dans la continuité de l'arabesque structurante et très prisée dans l'Art Nouveau (ainsi qu'en témoignent les créations de Peter Behrens, Heinrich Vogeler, Ludwig Hohlwein, Kehl, Kokoshka et, bien évidemment, les rythmes curvilignes de ce « modern'style », que matérialisent *Ondine*, *L'Or du Rhin* et *les Walkyries*[3]...), la ligne courbe apparaît encore dans les premiers temps de l'Art Déco. Mais, à l'image de l'affinement de la silhouette féminine, les façades élimineront beaucoup, durant les Années Folles, de leurs « *rondeurs superflues* »[4] jusqu'à privilégier l'angle droit. Bow-windows et consoles arborent, dorénavant, des configurations géométrisées[5] : « *Toute prétention décorative n'est pas*

Etablissement Aubrun
10 rue Moyenne, Bourges (Cher)
Architecte : Sylvère Laville ; Entreprise de construction : France-Lanord et Bichaton

Le motif du drapé est esthétiquement usité.

abandonnée pour autant, mais elle reste sobre et cantonnée en des niches bien précises»[6]. La décoration appuie esthétiquement les structures. Moulures en « U » inversé puis, décrochements linéaires, angles vifs, arrondis ou à pans coupés percés de verrières, balcons en saillie vont être mixés à différents artifices décoratifs pour marquer du sceau de l'Art Déco, le bâti public ou privé, voire les façades de nouveaux grands magasins perçant l'urbanisme de ce premier tiers du XXème siècle.

Pour conférer un certain luxe à l'immeuble, les frontons sont arrondis, polygonaux, ou en forme d'arbalète ; traitées en creux ou en relief, les frises peuvent symboliser des colonnettes, des écailles de poissons... Les bas-reliefs qui agrémentent les façades représentent souvent des motifs simples et discrets, abstraits, allégoriques ou (comme à Reims, cour et place Drouet) des colonnes doriques et volutes ioniques.

Ces bas-reliefs « Art Déco » sont également enrichis de fleurs et de fruits stylisés : un motif historiquement récurrent. Préalablement réintroduit par le hambourgeois Otto Eckmann dans le Jugendstil, il est centré principalement, au niveau de son œuvre, sur l'iris pour la flore (le cygne pour la faune) [7]. Associée au discours artistique symboliste, la flore – que Koloman Mosa campera également sous forme d'un iris (pour illustrer un poème d'Arno Holz, relatant la métamorphose d'un jeune homme en fleur) [8] – deviendra une thématique naturaliste usitée, en 1900, par Hector Guimard, mais qui en fera un traitement moderne préfigurant celui de l'Art Déco [9]. A travers sa démarche, l'Art Nouveau sous-tendait, en fait, par une surenchère de références à l'élément naturaliste et une composition d'arabesques sophistiquées, un refus symbolique de l'industrialisation croissante : aussi, généra-t-il des interprétations plastiques magnifiant un tracé maniériste de la flore. Il s'agira, toutefois, d'interprétations dont le message implicite indexera une divergence entre la nature complexe et

Immeuble , 8 rue Théodore Roosevelt, Vierzon (Cher)
construit par M. Henri Hébras, entrepreneur (1933) Architectes :
Albert Neveu et Roger Scheiderwind

Un fronton richement ornementé.

un univers industriel, marqueur de modernité. L'évolution vers le style « Art Déco » de cette thématique naturaliste toujours présente en ce premier quart de XXème siècle, passera cependant, par une épuration progressive des formes des éléments végétaux et floraux : une épuration que permettent dorénavant, l'abstraction, le trait stylisé et que nécessite l'exploitation des outils de production industrielle facilitant une plus large diffusion des articles. Le motif des fleurs sculptées – en particulier, la rose isolée, en bouquet ou corbeille – est tracé dans la pierre ou le calcaire de certains immeubles Art Déco : un exemple repérable, entre autres, sur les façades – inscrites à l'inventaire des Bâtiments de France – de l'ancien magasin « Les Nouvelles Galeries » (8 rue Moyenne, Bourges) et des Etablissements Aubrun (10 rue Moyenne, Bourges), dont les constructions respectives datent des années 1928-1929. La conception architecturale des Etablissements Aubrun fut précisément confiée à Sylvère Laville : un architecte parisien, sans doute sensible aux créations de la capitale et déjà reconnu pour des conceptions du même type que le projet berruyer, dans l'Est de la France. « *Reine des jardins* » [10] et symbole de la Vierge Marie, de l'amour, de la femme au Moyen-Age [11], la rose est restée, par-delà les siècles, les légendes et les contes, la fleur de la sensualité, de l'ambivalence : une ambivalence caractérisant justement, comme nous l'avons vu, la femme des « Années Folles », qui impose son style atypique – à la fois, voluptueux et moderne – jusqu'à insuffler les tendances en matière de décoration et de mode... L'ornementation à base de roses apparaît comme le legs de la citation visionnaire d'André Véra (1912) : « *La corbeille et la guirlande de fleurs et de fruits viendront constituer la marque du nouveau style* ». Figure emblématique de la période dite « Florale » et croquée sur le modèle de la rose épurée de Paul Iribe, ce motif se multiplie, dans une configuration géométrique comme ornement de mobilier, tissu, tapis.

Immeuble 8, rue Théodore Roosevelt, Viezon (Cher) :
une frise de motifs floraux souligne les fenêtres.

Etablissements Aubrun, Bourges
La décoration est également basée sur la flore.

La référence à la rose compose de surcroît, un élément de décor pour les grilles de clôture du square Lucien Beaufrère (Vierzon) ou pour les portes d'accès à l'auditorium de Vierzon, situé dans ce même square. Les portes d'entrée (souvent équipées d'une poignée tubulaire) peuvent aussi présenter des motifs floraux inscrits dans un cadre polygonal, encadré de deux espaces vitrés dont la perception étire la construction du dessin. Les rampes d'escalier font l'objet, pour certains immeubles, de ferronneries stylisées (Bibliothèque Carnegie, à Reims) tandis que les garde-corps épousent des formes compliquées et stylisées, symbolisant les fleurs en spirale, les fruits en cercle et les vases, un réseau de lignes ondoyantes. D'inspiration orientaliste ou, se référant (comme certains bas-reliefs) à l'Antiquité gréco-romaine, les figures géométriques sélectionnées en ferronnerie peuvent simuler, entre autres, des lignes zigzagantes ou pyramidales, des chevrons… Parmi les artifices décoratifs, il convient de citer l'emploi de structures métalliques pour les sigles, travaillées en décor : tel est le cas de la configuration, sur le pignon d'angle principal d'un immeuble (édifié 1 rue du Commerce, à Bourges, vers 1930), des trois lettres de l'enseigne « V.O.G ».

L'exploitation de plaques de marbre est aussi en vogue pour habiller les murs : les anciens magasins « VOG », les « Nouvelles Galeries » berruyères (rue Moyenne) en ciment armé et dont la partie basse est ornée, nous informe la Presse, « *d'un revêtement de marbre tigré, alors que le soubassement des vitrines s'agrémente d'une bordure noire veinée de jaune en marbre porte-or du meilleur effet* »[12]. Cette exploitation des surfaces est bien le miroir même des tendances de l'Art Déco qui prône l'usage du marbre, de la laque, de la dorure, des incrustations et de la polychromie.

Cuisinière Rosières
l'un des modèles des années 1930 :
une profusion de décor de roses

Usines de Rosières – Lunery (Cher)

Grille de l'auditorium,
square Lucien Beaufrère, Vierzon (Cher).
Propriété de la ville de Vierzon

Une guirlande de roses est intégrée dans le décor.

Fusain d'Isabelle Papieau

La flore est aussi un élément ornemental de la ferronnerie « Art Déco » des portes d'entrée.

Dessins d'Isabelle Papieau

Fleurs en spirale, fruits en cercle, vases et lignes ondoyantes personnalisent les garde-corps des années 1930.

Dessins d'Isabelle Papieau

Figures pyramidales, chevrons et diverses configurations géométriques constituent d'autres motifs décoratifs des grilles de portes.

Dessins d'Isabelle Papieau

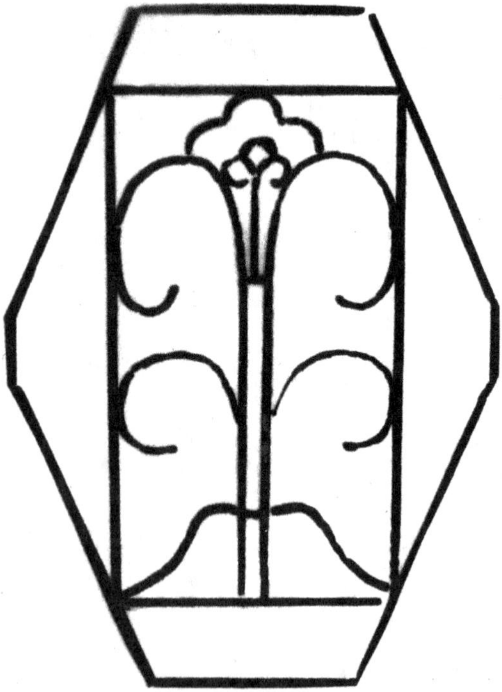

Ancienne usine
10, rue Jean-Jacques Rousseau, Vierzon (Cher).
Propriété de la ville de Vierzon

Détail de grille

2. L'Art Déco, dynamique architecturale du paysager et du loisir

A travers l'Art Déco, la géométrie fondamentale (symbolisant l'ordre), la symétrie et la « simplification » optimale se substituent à la prolifération des constructions pavillonnaires anarchiques sub-urbaines précédant la Première Guerre mondiale pour générer une véritable émotion esthétique. Le bâti et le patrimoine paysager « Art Déco » révèlent bien cette volonté de renoncer aux artifices de l'ornementation surfaite de l'Art Nouveau au profit d'une sensation de purisme rationalisé et couplé à la fonctionnalité : autant de témoignages pertinents de ce courant artistique, liés à l'émergence de la notion de loisirs et d'une culture de consommation d'accessoires décoratifs non élitistes.

Lors des années 1930 marquées par l'accroissement de la production industrielle , l'expansion économique suppose un processus de rendement besogneux qui occulte chez les populations ouvrières, les traditions populaires rurales au profit d'une culture urbaine et d'une consommation de loisirs de masse prometteuse de certitudes humanistes. Avec l'ajout du mot « loisirs » au titre de « sous-secrétariat d'Etat » et l'intégration de Léo Lagrange dans son premier gouvernement (en juin 1936), Blum fait émerger la notion d'un temps libéré, porteur de sens. Il se pétrit, en effet, une culture populaire propulsée par la fondation des grandes structures que furent « Maison de la Culture » (présidée par Aragon), « Mai 36 » animée essentiellement par Madeleine Paz. Les organisations socio-culturelles mises en place convergent alors, dans ce contexte, vers la finalité de transmettre à ceux qui en ont été privés, une éducation permettant d'avoir accès physiquement au bien-être et, moralement, aux bienfaits d'un épanouissement intellectuel.

a/ Des jardins nés de l'esprit « Art Déco »

- *Le jardin des Prés-Fichaux (Bourges) : la valorisation de l'avant-garde artistique*

D'une surface de 4 ha, le jardin berruyer des Prés-Fichaux émaille – depuis 1930 – l'urbanisme de Bourges, d'un écrin de verdure et de minéral rigoureusement ordonnancés. Arcades d'ifs compartimentent espaces de circulation et pelouses. Un théâtre de verdure monumental (dont l'entrée était ornementée de portiques et de sculptures de Centaures, œuvres de Monard) peaufine l'esthétique très particulière de ce jardin considéré comme l'un des plus beaux *spécimens* « Art Déco » d'Europe : d'une acoustique voulue initialement renforcée par un rideau de hauts platanes, ce théâtre dit « de verdure » a été pensé par le sénateur-maire Henri Laudier, comme un espace « *prometteur de distractions et des joies les plus saines et les plus réconfortantes* »[13]. Le raffinement de l'esthétique s'est révélé intensifié par la présence d'une roseraie dont les lignes géométriques convergent vers un bassin que rehausse la statue du Dieu Pan (grès de Sèvres offert, en 1929, par le Ministère des Beaux-Arts à la Ville de Bourges). Grès et faïence (matières moins onéreuses) vont, en effet, contribuer à la renaissance des créations et servir les productions avant-gardistes de la manufacture de Sèvres, soudain séduite par les lignes novatrices que géométrise l'Art Déco. Le jardin des Prés-Fichaux bénéficiera d'ailleurs, à cette époque-là, de deux grands vases en grès créés initialement par cette célèbre manufacture pour être les signes tangibles de ses audacieuses recherches : d'une hauteur de 7 m., ces œuvres de Jean Patout – qui signalaient les pavillons de Sèvres, lors de l'Exposition Internationale des Arts Décoratifs en 1925 – ont ainsi, été remis à la Ville de Bourges, à l'occasion de l'inauguration de ce jardin voulu aménagé dans l'air du temps.

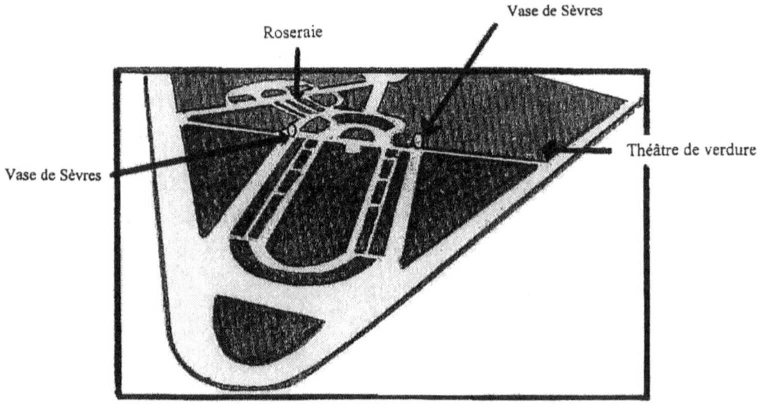

Jardin des Prés-Fichaux, Bourges (Cher)
propriété de la ville de Bourges
inscrit à l'inventaire des monuments historiques

Configuration schématique de ce jardin,
dans les années 1930.

Dessin d'Isabelle Papieau

Jardin des Prés-Fichaux, Bourges
vers 1933 :
un nouveau lieu de promenade familial

Jardin des Prés-Fichaux, Bourges.
Arcades d'ifs : une géométrie maximalisée.
Fusain d'Isabelle Papieau

Jardin des Prés-Fichaux, Bourges
La vaste pelouse centrale

Jardin des Prés-Fichaux, Bourges :
la roseraie

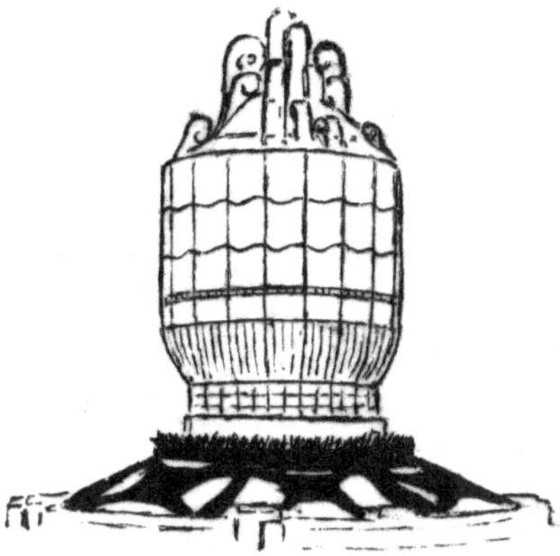

Vase de Jean PATOUT
(manufacture de Sèvres)
ayant orné le jardin des Prés-Fichaux à Bourges

Dessin d'Isabelle Papieau

Jardin des Prés-Fichaux :
le « canal » alimentant en eau, la roseraie

Jardin des Prés-Fichaux,
un habile jeu de lignes.

Fusain d'Isabelle Papieau

Jardin des Prés-Fichaux,
détail des grilles de clôture.

Dessin d'Isabelle Papieau

Jardin des Prés-Fichaux,
détail d'un lampadaire et d'un élément d'ornement

Jardin des Prés-Fichaux, Bourges.
Des massifs voulus angulaires.

Jardin des Prés-Fichaux, Bourges.
La schématisation d'angles prononcés.

Dessin d'Isabelle Papieau

L'eau y est très présente et jalonne l'itinéraire de promenade : fontaine initialement lumineuse surmontée d'un portique, bassin de Pan, étroit canal traversant la roseraie et bassin central ornementé, à l'origine, d'une « Diane » de Blanchard remplacée par une statue en pierre, de Popineau (portant un poisson). Ces sculptures réactivent le goût des motifs mythologiques, auxquels fut aussi réceptif René Lalique, qui magnifia la gent féminine sous les traits de *Suzanne*, *Thaïs*, et dota ses Naïades, d'accessoires relevant de l'univers aquatique (nénuphar, poisson...).

Jeu de perspectives d'arches, massifs rectangulaires et angulaires, tracés des allées, épuration du *design* des grilles, lampadaires, rampe d'escalier et garde-corps de la terrasse, rappellent l'impact de cette géométrisation prônée par Le Corbusier qui oppose au désordre de l'urbanisme sauvage, l'angle droit et la droite « *saine et noble* » : « *deux éléments architecturaux, nouveaux et épurés, puisés aux sources du Cubisme, et censés métamorphoser spirituellement, voire socialement, l'individu. L'angle fait partie de notre déterminisme* », dira Le Corbusier. « *Il est l'outil indispensable à l'action dans la mesure où il sert à fixer l'espace avec rigueur* » poursuivra-t-il[14].

- *Le square Lucien Beaufrère à Vierzon : un « caravansérail » des nouveaux matériaux industriels*

Classé Monument historique depuis 1996, ce square (aménagé sur le site des anciens jardins de l'Abbaye bénédictine de Saint-Pierre, de Vierzon) porte le nom de celui qui en mûrit l'idée : Lucien Beaufrère, maire de Vierzon-ville dans les années Trente. Celui-ci – dont l'objectif était de transformer ce parc, en un lieu public consacré à « *l'agrément*

Square Lucien Beaufrère, Vierzon (Cher)
propriété de la ville de Vierzon.
Quand l'art paysager met en scène la symbolique.

Square Lucien Beaufrère, Vierzon :
l'un des premiers jardins équipés en électricité

Square Lucien Beaufrère, Vierzon :
le végétal, composant de l'espace

du citoyen »projetait alors, « *d'embellir* » Vierzon pour, confia-t-il, « *l'empêcher de mourir* »[15].

Béton armé, ferronnerie et céramique (produites localement) rythment les espaces végétaux et symétriques de ce jardin « Art Déco », conçu par l'architecte angevin Eugène-Henry Karcher. Deux parterres gazonnés occupent une partie de l'espace ; la zone centrale intègre un aménagement semi-circulaire et un massif rectangulaire : ensemble que cerne un hémicycle souligné d'ifs et de buis sobrement taillés ainsi que de piliers enrichis, comme les bassins, de carrés de céramique de l'entreprise Denbac. Il s'agit, en fait, de ses « mosaïques » de céramique qui permettent des compositions ordonnées de gammes chromatiques aux tonalités nuancées, inspirées des discours cubiste et futuriste.

Elément dominant de ce jardin, un monument aux morts pacifique (que nous avons évoqué dans un précédent chapitre) a été voulu imaginé par le même architecte pour ne composer qu'une unité spatiale. D'une conception favorisant – grâce à une représentation spectaculaire de la lumière et des volumes spatiaux – une approche sensitive, voire émotionnelle des lieux, le square Lucien Beaufrère joue avec les matériaux innovants et l'esthétique rigoureusement symétrique pour se rapprocher, à l'image du jardin des Prés-Fichaux, des modèles de cette nouvelle architecture inspirée de l'image du carré symbolisant la loi : un carré restaurant l'ordre, rappelant en cela, l'œuvre cubiste construite sur la rigueur et séduite par les lois mathématiques.

La création du parc « Art Déco » de Bruay-la-Buissière (dans le Nord) – décidée par le maire de la commune (Henri Cadot) et confiée à Paul Hanote en 1933 – correspond au même souci de procurer du bien-être aux habitants du lieu, travaillant à la mine.

b/ Des espaces consacrés aux loisirs émancipateurs

Si l'Art Déco personnalise l'architecture paysagère des aires de détente, il singularisera également le bâti des espaces de loisirs.

- *Un auditorium vierzonnais ou le contraste du béton brut et de la céramique*

A Vierzon, un auditorium – inauguré le 24 juin 1937 – a été édifié, complétant ainsi, la construction d'un lavoir et donc, le dispositif d'aménagement architectural du square Beaufrère. Lieu de vie festive, cet auditorium – conçu également par l'architecte-statuaire Karcher – devait avoir pour fonction d'être l'antre privilégié des concerts et galas de danse. « *Tous les Vierzonnais aiment la fête. Ils ont raison* », observera Lucien Beaufrère. « *Après le labeur, le travailleur a besoin de distractions* »[16], observera-t-il. Le contexte économico-social local est, à cette époque, centré sur l'industrie (métallurgie, constructions mécaniques, engins agricoles, verreries, fabriques de porcelaine, poteries…) et fait de Vierzon, une ville besogneuse. La recherche d'une gestion qualiteuse du temps libre naît du croisement d'une aspiration au repos, à la réjouissance et de la culture des années 30, marquées par des œuvres dites « naturalistes », conçues au cours d'années de crise économique européenne (crise du système bancaire, baisse de la production industrielle, accroissement de faillites) : des œuvres singularisées par le « cinéma noir », lui-même inspiré du « populisme littéraire ». « *L'effort humain (...) sans arrêt (...) tourne en rond / dans un univers hostile / poussiéreux et bas de plafond* »[17], déplorera Prévert qui collabore (entre 1931 et 1936) au groupe de choc « prémices » devenu le groupe Octobre (membre de la fédération du théâtre ouvrier). Cette période de crise pathétique

L'auditorium (square Lucien Beaufrère), Vierzon, Cher.
Propriété de la ville de Vierzon.

L'alliage du béton et de la céramique

Fusain d'Isabelle Papieau

L'auditorium (square Lucien Beaufrère), Vierzon :
un espace aux volumes personnalisés.

Fusain d'Isabelle Papieau

pour les populations ouvrières fragilisées va, cependant, favoriser l'engagement artistique et, notamment, une littérature inspirée du réalisme socialiste, tournée vers le futur, la réalisation de l'être : une littérature dont l'esthétique influencera l'implication militante de certains élus en matière d'équipements, qui pourrait être une réponse à la post-face d'Aragon dans *Les Cloches de Bâle* : « *Rêver sur les chantiers où se résigne un peuple auprès des pioches* »[18].

Béton et céramique s'avèrent avoir été les matériaux sélectionnés pour l'élévation de cet auditorium (« kiosque à musique ») vierzonnais. Une géométrisation des lignes – mariant droites et demi-cercles – sert l'épuration des volumes et, fidèle au discours du Bauhaus, fond formes et couleurs. Le choix d'une inclusion des carreaux de céramique – qui, par essence même cloisonnés, déstructurent les éléments formels (à l'image de l'Art Déco) – participe, ici, à la construction du décor : la palette colorée des céramiques aux tons vifs et opposés (au ban de la mode depuis les années 1850 mais réactivés grâce au Fauvisme) réveille alors, les enduits monochromes.

Des carreaux de céramique (provenant de l'entreprise Denbac) vont, par ailleurs et dans cet esprit, embellir, animer des façades (notamment, celle d'un très bel immeuble « Art Déco » vierzonnais, situé 8 rue Roosevelt). Les « mosaïques » de céramique incrustées égaieront donc les murs « Art Déco » par la tonicité de leurs couleurs orchestrées dans un ensemble géométrique. Déclinées en couleurs pures (bleu, rouge, jaune) élargies au vert ou composant des camaïeux de roux, de bleu (auditorium de Vierzon, station de métro Vanneau à Paris…), ces compositions de céramiques ornementales et multicolores – que des créateurs traitent à la façon d'une « marqueterie » – peuvent aussi se conjuguer avec le marbre : c'est, par exemple, le cas de la Bibliothèque Carnegie (à Reims), décorée de panneaux de céramique incrustée d'onyx d'Algérie, jouant avec des bandeaux de marbre vert. Ces carrés de céramique sont également, parfois, coordonnés à une mosaïque dorée, réactivant les choix esthétiques des créateurs viennois : entre autres, Gustave Klimt qui opte pour la variété des matériaux et utilise pour le carton destiné à la frise décorative du Palais Stoclet, aquarelle, détrempe, crayon blanc de feldspath, feuilles d'argent et d'or... La mosaïque s'affiche comme une technique noble (qui sera d'ailleurs exploitée par les architectes d'intérieur pour décorer piscine et salle d'eau du « Normandie ») : une technique qui fait une belle place à la terre cuite et aux recherches sur cette matière, notamment à l'Ecole Professionnelle de Vierzon où Larchevêque fonde, en 1921, la section « céramique ».

- *Une salle des fêtes berruyère, dans l'esprit du Front Populaire*

Proposition d'Henri Laudier (comme le jardin des Prés-Fichaux), la construction d'une salle des fêtes à Bourges est l'aboutissement d'un projet voté en 1932 et déclaré d'utilité publique en 1933. Dans la politique du Front Populaire (dont les orientations culturelles impulseront une dynamique au projet précité), cette initiative répond à la priorité des années 30, de cultiver l'accessibilité aux loisirs, considérés comme les nouveaux vecteurs de la dimension spirituelle et humaniste de l'être.

Voulu couplé à une école de musique (dont la cage d'escalier est encore, de nos jours, typiquement « Art Déco »), ce bâtiment – dont l'idée était d'ouvrir le paysage culturel de la ville à toutes les catégories sociales – est l'œuvre de l'architecte Henri Pinon, comme le sera d'ailleurs, le Centre hospitalier de la même ville (reconstruit dans les mêmes années). Edifiée de 1936 à 1938, cette salle des fêtes a été réalisée en béton armé et en briques de Saint-Palais (une commune proche de Bourges, reconnue pour la production de ses briqueteries). Reflet de l'architecture sociale (dont les

L'ancienne salle des fêtes de Bourges (devenue Maison de la Culture), place André Malraux, Bourges, Cher.
Propriété de la ville de Bourges
Architecte : Henri Pinon.
Inscrite à l'inventaire des monuments historiques.

Le contraste des matériaux.

immeubles H.B.M. de la ceinture rose parisienne sont le miroir) imaginée dans une projection utopique, l'utilisation de la brique rouge sert, en fonction de critères économiques, la rationalisation d'une esthétique de construction dont les lignes épurées sont antinomiques de l'Art Nouveau. Associée (dans la deuxième moitié du XIXème siècle) aux notions de progrès industriel et de modernisme, la brique contribua au cours de ces années 30, au modelé de la plastique architecturale. « *L'architecture, c'est la transmission d'une brique sans valeur en brique en or* », disait Wright [19]. La régularité et la symétrie de l'appareillage, la texture, la couleur de cette matière perçue « inerte » la transformeront alors, en un matériau vivant, qui dynamisera l'esthétique de la nouvelle architecture[20].

L'usage du béton armé révèle ce choix de croire à l'intérêt du fonctionnalisme sur lequel repose l'œuvre de Le Corbusier, s'inscrivant dans cette « esthétique du vrai » soutenue par l'architecte Auguste Perret : « *C'est* », précisait ce dernier, « *par la splendeur du vrai que l'édifice atteint à sa beauté* ». Comme Le Corbusier et Perret, Henri Pinon valorisera la fonction de ce nouveau bâti et son esthétique née, non seulement, de l'utilisation du béton mais aussi de la brique. Les contrastes de tons (briquetage et ciment) vont alors ponctuer le rythme architectural de cette salle des fêtes et enrichir la référence de l'angle monumentalisé ou d'autres oppositions : décrochements de toitures, jeux d'horizontales et de verticales, baies et balcons en saillie.

La conception d'une telle architecture et l'usage de ce type de matériaux vont être, d'ailleurs, contestés en 1935, par des conseillers municipaux berruyers : des conseillers qui reprocheront une trop grande modernité, contrastant avec le style globalement plus classique du patrimoine berruyer. « *En face du désenchantement de Séraucourt* » (lieu de la construction), « *je vois des lignes horizontales et verticales,*

L'ancienne salle des fêtes de Bourges :
le mariage des formes.

Fusain d'Isabelle Papieau

L'ancien hôpital de Bourges (Cher) :
partie aujourd'hui, reconvertie en Maison des associations
28, rue Gambon, Bourges
Propriété de la ville de Bourges
Architecte : Henri Pinon

Bandeaux blancs et corniches rythment aussi l'usage de la brique.
L'*oculus* caractérise, à l'image de la salle des fêtes,
la nouvelle esthétique.

L'ancien hôpital de Bourges :
la rupture de toit est élément esthétique.

encadrant des surfaces absolument nues», regrettera l'un d'eux. «*Je pense qu'il y a une place à accorder à nos sculpteurs, à nos artistes locaux*», ajoutera-t-il, «*et qu'un monument doit refléter à la fois, le génie naturel et le génie local*» [21]. L'ajout d'une frise sculptée au fronton du monument, conjuguera la volonté d'une recherche de rationalisation esthétique et l'effort d'imprégner la composition, d'un apport local. Œuvre de l'artiste berrichon François-Emile Popineau (qui eut pour maîtres, Bourdelle et Maillol, enseignait aux Beaux-Arts de Bourges et avait assuré le décor sculpté de l'un des pavillons de l'Exposition Universelle de Paris, en 1927), la frise centrale devait illustrer le thème de la danse, classique et moderne : un thème élargi – sur deux panneaux annexes – à celui de la musique. Les représentations de la musique et de la danse s'inscrivent dans la logique de pensée idéaliste d'accéder par le loisir, à la dignité humaine et au mieux-être moral. Ce rêve gravé dans la pierre va se rapprocher, en ces fins d'années 30, de celui de Fernand Léger qui fait, alors, de « l'homme au repos », l'un des motifs de ses compositions, estimant que l'art peut générer le bonheur : « *Ce qu'il faut maintenant* », constatait-il en 1937, « *c'est conquérir le peuple dont les aspirations se précisent de plus en plus et qui sont en voie de rajeunissement* ». La plastique corporelle et presque androgyne des danseurs et danseuses puise dans les codes du néo-classicisme ; elle nuance la rigidité de la pose, d'une expression de mouvement figurée par la représentation de la chevelure féminine qui suit une ligne de construction en oblique, dans un rapport de proximité avec le mouvement donné par le verrier Lalique, pour le traitement des cheveux de « Victoire » (figurine rehaussant le très fameux bouchon de radiateur conçu par ce créateur).

C. L'UNION DE L'ART DECO ET DU MOUVEMENT MODERNE

L'architecture de certains édifices publics – comme nous l'avons constaté – et d'H.B.M. (ensembles de logements de la Ceinture des Maréchaux, à Paris - cités-jardins de Bourges), voire d'usines, est révélatrice d'une jonction : celle du style international des années 1930 (dépouillant les façades, limité aux formes géométriques basiques) et du purisme de certains apports « Art Déco ».

Dans un univers urbain exponentiel en population, la conscience urbanistique participe également à l'évolution de cette société en mutation qui découvre l'esthétique fonctionnaliste parallèlement à l'apparition, en Allemagne, de l'architecture épurée du Bauhaus. A partir de 1919, Le Corbusier conçoit le mouvement puriste avec le peintre Ozenfant ; il exhortera l'utilisation des formes simplifiées et préconisera l'équilibre esthétique entre la technique artistique et les « procédés de la nature » ; « *L'ingénieur, inspiré par la loi d'économie et conduit par le calcul, nous met en accord avec les lois de l'univers ; l'architecture, par l'ordonnance des formes, réalise un ordre qui est une pure création de son esprit* »[22], note Le Corbusier.

1. Les immeubles HBM de la « ceinture rose »

L'architecture se veut donc, à cette période-là, liée à l'ordre social. En effet, selon la Déclaration de La Sarraz, les architectes – sensibles au désordre généré par le machinisme – remarquent que les mutations de la structure sociale et de l'ordre économique génèrent inéluctablement, une modification du mode architectural. « *Les architectes* » (pourra-t-on lire dans la Charte d'Athènes) « *sont réunis par l'intention de rechercher l'harmonisation des éléments en*

Ancienne usine,
10 rue Jean-Jacques Rousseau, Vierzon (Cher),
propriété de la ville de Vierzon

Le mariage des matériaux et de la géométrisation des formes.

présence dans le monde moderne et de replacer l'architecture sur son plan véritable qui est d'ordre économique et sociologique et tout entier au service de la personne humaine. C'est ainsi que l'architecture échappera à l'emprise stérilisante des académies (...). La notion de "rendement" introduite comme axiome de la vie moderne, n'implique nullement le profit commercial maximum, mais une production suffisante pour satisfaire pleinement aux besoins humains. Le rendement véritable sera le fruit d'une rationalisation et d'une normalisation, souplement appliquées aux plans d'architecture comme aux méthodes industrielles d'exécution », énonce la déclaration de La Sarraz.

Alors que les communes ruinées par la Grande Guerre commencent à reprendre vie, la modernité européenne triomphe, accélérée à la fois, par l'essor des recherches techniques et cet idéal démocratique visant à améliorer l'existant matériel dont l'habitat : une politique en faveur, notamment, de la réalisation de logements populaires qui, outre la France, séduit globalement les Pays-Bas, l'Autriche, l'Allemagne, l'Italie... Ainsi, dans notre hexagone, la loi Loucheur (à l'origine des « Habitations à Bon Marché ») sera-t-elle votée en 1928, bien que l'historique de son projet trouve ses sources à la fin du XIXème siècle. En effet, la question du logement interpelle déjà, en 1880, les nouveaux courants socialistes ; scientifiques, hygiénistes, édiles municipaux devaient constater le non respect des règlements de police sanitaire, particulièrement, en matière de logements ouvriers (trop exigus, non aérés et fréquemment dépourvus de « tout-à-l'égout »). Georges Picot (conservateur et disciple de Le Play, prônant l'ordre, la propriété) et Jules Siegfried (proche de Jules Ferry, sensible à la démocratie républicaine et au paternalisme) tenteront de trouver une réponse sociale à ce dramatique problème de logements. Le Congrès international des Habitations ouvrières aboutira à trois réflexions : le remède au problème du logement doit relever de l'initiative individuelle ou de l'association privée ; à l'habitat collectif, sont préférées pour l'ouvrier et ses proches, les habitations distinctes pourvues d'un petit jardin ; le logement doit être salubre et moderne. Le 2 février 1890, Siegfried et Picot créèrent la « Société Française des Habitations à Bon Marché » dont la vocation se substituera à celle des « habitations ouvrières ». Sa finalité visait à faciliter la construction par les particuliers, les industriels, les sociétés locales, de maisons « salubres à bon marché », ou « l'amélioration » de logements. Fondée sur le droit à un logement décent en harmonie avec les règles de modernité, de normalisation et de progrès préconisées par les réformateurs sociaux, cette initiative correspondait également à la volonté de forger un consensus social autour de l'idéal républicain. Député radical socialiste, Strauss imagine la loi – en 1906 – autorisant communes et départements à exploiter leurs ressources en prêts, obligations et actions, au profit des sociétés d'H.B.M. ou à leur céder des terrains. L'idée sous-jacente de contrôle social des familles de la classe populaire (perçue comme des foyers d'émeutes potentiels) fait renoncer la population ciblée à occuper ces logements. L'Encyclopédie de Compère-Morel souligne que le logement ne représente qu'un faible poste des budgets ouvriers et qu'il ne suscite donc qu'un faible intérêt. Employés et ouvriers spécialisés constitueront finalement l'essentielle clientèle de ces réalisations. Mais, compte tenu de la rareté et du coût élevé des logements neufs, la loi Bonnevay (1912) crée les Offices publics communaux et départementaux d'H.B.M. dont l'objectif est d'améliorer les logements existants, de construire des immeubles salubres, de concevoir jardins ouvriers et cités-jardins. La construction de ces H.B.M. sera ainsi, principalement décidée et financée par les municipalités.

La réunion de La Sarraz se positionne donc dans ce contexte ; elle sera suivie du premier Congrès International d'Architecture Moderne (C.I.A.M.) qui rassemblera, outre Le Corbusier, quelques architectes européens renommés. Avec le C.I.A.M., sera promu, à partir de 1933, l'institution de nouvelles règles dans le domaine de l'aménagement du territoire et de la politique de l'habitat.

La loi Loucheur permettra le démarrage d'un important chantier de construction à tel point qu'à partir de 1924, la disponibilité des terrains de la zone parisienne *non aedificandi* sera réévaluée. J. P. Flamand insiste sur la structure urbaine originale que forme la « ceinture des Maréchaux » et les enjeux d'un tel programme de construction : « *optimiser l'usage du sol par la construction du plus grand nombre de logements tout en y respectant les règles d'un habitat salubre, articuler les nouveaux ensembles de logements avec la ville tout en préservant leur spécificité ; enfin, leur conserver un caractère urbain au milieu d'un environnement "naturel"* »[23].

Implantés sur la ceinture de Paris, les immeubles H.B.M. incarnent l'utilisation de la brique rouge. Pensés par Henri Sauvage, ces immeubles sont construits selon des critères économiques et une esthétique géométrique aux lignes épurées. Basée sur l'ordre modèle des philanthropes, la construction de ces immeubles s'inspire, en fait, des fonctions urbaines. Initiateur du « logement hygiénique à bon marché », Henri Sauvage a, par ailleurs, créé la « piscine des Amiraux » (immeuble pour travailleurs) qui lui vaudra les reproches de la bourgeoisie, regrettant le luxe de construction affectant ces immeubles réservés aux couches populaires. Pour inscrire cet habitat dans la continuité architecturale urbaine et éviter tout risque de monotonie visuelle, des artifices sont utilisés, en tant qu'éléments dynamisants : opposition de tons « briquetage/enduit », incrustation de carreaux de grès cérame, brèche, décrochements verticaux et horizontaux, encorbellement, corniches, consoles de baies et bandeaux blancs, colonnettes, frises, ferronnerie.

2. Les cités-jardins : l'architecture du Bauhaus nuancée d'une pointe d'Art Déco

Localisées dans les quartiers de l'Aéroport et du Moulon, les cités-jardins de Bourges s'inscrivent, bien évidemment, dans la logique de l'histoire des mouvements architecturaux. Héritages des théories de Ruskin et de l'esprit fonctionnaliste des architectes de l'Ecole de Chicago (qui revendiquaient à la fin du XIXème siècle, la verticalité des immeubles comme critère d'ordre et d'esthétique dans le champ de l'urbanisme), elles sont précisément fédérées à l'histoire générale des paysages émergés des décombres urbanistiques. Construites dans le contexte de la loi Loucheur, la cité-jardin du Moulon a été le premier ensemble berruyer aux formes rationalisées, édifié par-delà la voie ferrée. Sous l'impulsion d'Henri Laudier (maire et président de l'Office d'Habitations à Bon Marché de Bourges) et d'Henri Sellier (originaire de cette ville) qui dirigea l'Office Départemental d'H.B.M. de la Seine, cette cité-jardin – dont les travaux seront terminés en 1933 – devait permettre de loger dans les meilleures conditions de salubrité, une population de cheminots, d'ouvriers travaillant sur le secteur.

Structurées autour d'une cour, ces cités-jardins – dont les vastes ouvertures vont autoriser différentes « accroches visuelles » (arbres, espaces ludiques) – vont, en effet, conjurer l'insalubrité en privilégiant air, verdure, lumière. Basée sur les nouvelles tendances architecturales de généralisation et de simplification, leur conception s'inspire des constats du 4ème C.I.A.M. d'Athènes, en 1933 : « *Les matériaux de l'urbanisme sont le soleil, l'espace, les arbres, l'acier et le ciment armé*... ». Pour briser l'uniformité des façades, la cité-jardin du Moulon emprunte aux « Habitations à Bon Marché » de la « Ceinture des Maréchaux » parisienne, l'idée d'un certain nombre de composants architecturaux : leurs portiques monumentaux (pour un ensoleillement optimal et une meilleure ventilation des cours intérieures), le jeu rythmé des loggias et des balcons en saillie, les décrochements... Les concepteurs de la cité-jardin berruyère opteront, dans cet objectif, pour des décors puisés dans l'Art Déco : si les extérieurs des H.B.M. de la « ceinture rose » (à Paris) sont incrustés de carreaux de grès cérame, ceux de la cité-jardin du Moulon intégreront des ornementations géométrisées.

VII

UN MOUVEMENT ARTISTIQUE HYGIENIQUE

Conçu – comme nous l'avons mentionné plus haut – par l'architecte-paysagiste Paul Margueritat (à la demande d'Henri Laudier), le jardin berruyer des Prés-Fichaux été aménagé sur des terrains marécageux, acquis par le Conseil municipal de la ville, en octobre 1920. Commencés trois ans plus tard, les travaux dureront, en fait, sept ans. Ce jardin novateur sera finalement inauguré le 22 juin 1930, en présence de M. Paul Léon, membre de l'Institut, directeur général des Beaux-Arts. « *Voyez partout la verdure se mêlant agréablement aux tons les plus chatoyants* », insistera Henri Laudier dans son discours d'inauguration ; « *admirez cette délicieuse roseraie digne en tout point des jardins les plus réputés, partout, de l'air, de la lumière, de l'hygiène et de la santé (...)* »[1] : une considération proche du discours du « plein air » qui stimule l'organisme et transformera, depuis son ancrage littéraire dans le roman naturaliste, les pratiques culturelles.

A. UNE ARCHITECTURE PROPHYLACTIQUE

Modelant une nouvelle esthétique du paysage et associée au progrès, la conceptualisation du « plein air » induisait de nouveaux comportements collectifs en s'appuyant – à partir de l'association de trois éléments (chlorophylle/eau/soleil) – sur les observations issues de la biologie et de la physique. L'assainissement du corps passe par une découverte sensitive et sensorielle d'un paysage naturel qui purifie et tonifie.

Des colonies de vacances avaient été mises en place en 1883 par E. Cottinet (administrateur de la Caisse des Ecoles du IXème arrondissement de Paris), afin de lutter contre le fléau de la tuberculose ; à l'air vicié des villes, se substituaient alors, les ressources environnementales de la campagne, le soleil, la luminosité. L'approche du « plein air » se fonde toujours, dans les années 1930, sur un discours technologique du « corps objet », préoccupation scientifique. Si la mémoire historique dix-neuviémiste a fait du corps humain un instrument de contrôle de la vigueur couplé à l'espèce, le discours moderne du « plein air » se rapproche de celui qui – sous la IIIème République – apprenait aux scolaires que, grâce à l'association du plein air et de la lumière, la santé entrait dans la maison[2]. Ainsi, les ouvertures prennent-elles toute leur importance dans la nouvelle architecture des années 30 ; les techniques de construction en béton armé font, en effet, une large place à l'élargissement des fenêtres.

S'inspirant du « socialisme utopique », les architectes modernes seront soucieux d'élever l'humain au-delà des dangers de l'insalubrité et d'utiliser toutes les ressources de l'hygiénisme, ainsi qu'en témoignera la Cité radieuse de Le Corbusier. L'aménagement de larges baies pour faire pénétrer air et soleil s'inscrit dans un rapport de proximité avec les vertus hygiéniques du verre énoncées depuis la fin du XIXème siècle : *« Partout, l'air, la lumière, les lavages visibles, telles sont les conditions que l'emploi du verre permet de réaliser et qui établissent bien nettement le rôle que peut et doit jouer le verre comme coopérateur et agent principal de l'hygiène »*[3]. Dans cet esprit et comme nous l'avons précédemment abordé, les espaces privés et publics vont être nantis d'artifices architecturaux leur permettant de bénéficier d'une luminosité maximale : puits de lumière, grandes verrières dont sont, particulièrement, représentatives la grande coupole du magasin parisien « Le Printemps » (œuvre du maître-verrier Eugène Brière) et celle, en dalles de verre, qui éclairait initialement la salle du célèbre restaurant de Montparnasse « La Coupole ». Les nouveaux bâtiments de la gare de l'Est (à Paris) arborent, dans ces mêmes années 30, coupole et voûtes en béton translucide *« laissant tomber des gerbes de la lumière dorée par des petits carreaux de verre incrustés dans un quadrillage de béton armé, en apparence presque aussi ténu que les plombs des vieux vitraux »*[4].

L'architecture moderne recommande un hygiénisme qui se réfère au naturalisme. Les hygiénistes sociaux dénoncent la notion d'habitat insalubre : les zones paupérisées incarnent un danger qu'accusent la littérature et les illustrations, mettant en garde, en une période où la tuberculose est toujours prégnante, sur la dépendance malsaine des enfants défavorisés à un milieu pathogène, altéré par les taudis. En 1938, Poulbot prêchait la salubrité publique, en imaginant des images pour la Ligue Nationale contre le taudis où « *l'enfance déshéritée contracte tous les maux du corps et l'âme* ». Maladie que les représentations sociales estiment prolétarienne et générée par le misérabilisme, la tuberculose est associée au cliché des bacilles qui se multiplient dans les milieux sans air et sans soleil. Evoquant le Centre d'hygiène infantile de La Grande Jatte, un journaliste de *L'Illustration* écrit, en 1930 : « *On pourrait l'appeler aussi la maison de la lumière. De larges baies, des corridors et des salles, séparées les unes des autres par des cloisons vitrées font de cette demeure, une immense volière. Symbole ? Peut-être, mais surtout nécessité (...). Pour mieux lutter contre les germes et les microbes ennemis des petits-enfants* »[5]. Chaque jeune pensionnaire y dispose d'une petite cellule vitrée et meublée, outre le lit, d'une baignoire, d'un lavabo et d'une balance.

B. UNE APPROCHE PLASTIQUE ET HYGIENIQUE DE L'EAU

L'eau améliore la qualité de l'air en combattant les risques nuisibles des effluves et les miasmes, dans la mesure où les médecins hygiénistes considèrent qu'elle anéantit les microbes. La propreté dite « populaire » doit reposer sur la relation équilibrée « ordre et santé » [6]. La lutte contre le tragique « méphitisme » des ouvriers, soldats, écoliers [7] du XIXème siècle, peut sembler trouver une issue dans la création des « Bains-douches », forgée sur le principe qu'il convient de laver le maximum de corps en réduisant durée, consommation d'eau, de « *limiter les ablutions au strict nettoiement* », pour un investissement allégé [8].

Récurrent dans le discours littéraire naturaliste, le symbole de l'eau (dont le rôle ne se réduit pas exclusivement à une politique de mesures de protection sanitaire) devient aussi signifiant esthétique : si la thématique préférée des Fauves s'avérait être la Méditerranée, l'écriture cinématographique des « Années Folles » fait de la présence de l'eau, un motif (*Le Diable au cœur* de Marcel L'Herbier, tourné en partie à Honfleur, *L'homme du large* – du même cinéaste – dont l'un des héros, Nolff, n'a de passion que pour l'Océan). Aménagée dans le 16ème arrondissement de Paris, la piscine Molitor (dont le décor s'ordonnance entre le stuc et la céramique) a été conçue par l'architecte Lucien Rollet, proche intellectuellement de la démarche architecturale de Mallet-Stevens. Equipée de cabines « Art Déco » et ornée d'une grande verrière, la piscine Molitor magnifie des clichés de patineurs, baigneuses et plongeurs. Inaugurée par le champion de natation Johny Weissmuller (en 1929), cette piscine est le témoignage – par l'apparat conféré à son cadre – de cet enthousiasme pour les activités sportives qui servent la modernité et donnent le ton à la mode. Jean Patou dessine, en effet, les premiers maillots de bain en tricot et crée en 1924 (année des Premiers Jeux Olympiques d'hiver à Chamonix et des Jeux Olympiques d'été à Paris), deux boutiques réservées à la commercialisation de ce nouveau vêtement de sport. Le modernisme passe donc, par la pratique du sport qui, dorénavant, se féminise et valorise l'ostensible promotion du rôle important de l'eau : un rôle qui ne cesse d'être perçu essentiel depuis l'usage, dans l'écriture dix-neuviémiste, des images aquatiques participant au processus d'élaboration d'une culture pastorale et puisant dans le registre de la poésie marine ou de la métaphore. De surcroît et, depuis le troisième tiers du XIXème siècle, le discours médical – jouxté aux créations littéraires – met l'accent sur le fait que la rupture de la transmission microbienne est favorisée par l'hygiène et renforcée par l'éducation à la propreté dont les carences sont associées à une faute morale imputable à la famille. En un XIXème siècle caractérisé par la bactériologie, un savoir scientifique (édifiant les consciences citoyennes et accréditant la corporation des blanchisseuses), le mythe de la propreté doit forger cet honneur du peuple qu'évoque Zola dans sa correspondance au *Bien Public*[9]. Les « humbles » peuvent, à travers la propreté, se forger identité et santé.

La création de bains-douches municipaux répond aux mesures prises dans le cadre d'une restructuration interventionniste, après la « Grande Guerre », du domaine de l'hygiène. Ainsi, l'épidémie de grippe espagnole va-t-elle être suivie d'un décret du 21/1/1920, instituant le ministère de l'Hygiène, de l'Assistance et de la Prévoyance sociales. Pratiquement un mois plus tard, sera créé « L'Hygiène pour l'exemple », diffusant auprès des écoles primaires, les gestes « réflexes » quotidiens d'hygiène. Puis, est fondé le 24 juin 1920, le Comité de propagande d'Hygiène sociale et d'éducation prophylactique qui a pour principe essentiel d'élargir la lutte contre les pathologies sociales (et donc, pour reprendre les termes du Docteur Pinard, « *d'assurer la prospérité de l'individu et de l'espèce* ») par le biais de l'éducation populaire.

Les piscines communales contribueront, quant à elles, à faciliter l'apprentissage de la propreté « à bon marché » [10]. Le contact avec l'eau (qui agirait sur la saleté) se doublerait, dans la pratique de la natation, d'une mobilité positive favorisant avec l'action physique de la nage, « *exercice et nettoiement, activation musculaire et décrassage* »[11]. Comme l'architecture du XIXème siècle finissant érige l'école en temple du savoir, les concepteurs des piscines des années 30, en font des « thermes » populaires à visée prophylactique, aux décors luxueux : des espaces de sociabilité, accessibles pour tous, restructurant – par le séjour dans l'eau et l'exercice musculaire – à la fois physiquement et moralement. La piscine « Art Déco » de Roubaix (centre important de délainage et de peignage, à cette époque-là) est un exemple majeur de ces lieux esthétiquement privilégiés, générateurs d'hygiène et de plaisirs pour la population ouvrière locale. Créée en 1932 (à l'initiative de Jean Lebas, maire de Roubaix) par l'architecte Albert Baert (qui a déjà œuvré pour les bains de Dunkerque), cette piscine – devenue, aujourd'hui, un musée – est équipée d'un grand et remarquable bassin en céramique ; chaque extrémité de l'importante voûte est rehaussée de deux vitraux semi-circulaires : « *symbolisant le soleil levant et le soleil couchant, ils captent la lumière de leurs rayons dégradés d'oranger et de jaune et, avec la céramique beige des carreaux, le bois doré des planchers, forment un camaïeu harmonieux et reposant* »[12]. La figure de ce décor réactualise, comme nous l'avons vu, le discours hygiéniste et le discours métaphorique impressionniste de la lumière, notamment, le discours littéraire de Zola (précédemment abordé) qui observa et décrypta – dans ses Notes préparatoires à *L'Œuvre* – l'influence des variations de la lumière du jour selon la course du soleil : « *Tout le temps d'ailleurs, le soleil m'a suivi, au-dessus des maisons, derrière Notre-Dame, puis derrière le palais, puis derrière l'Institut. Me servir de ce soleil qui s'incline peu à peu, dans la succession de la description ; et le faire enfin coucher dans la Seine, à droite du dôme. Il sera le lien pour ce côté, en noir de plus en plus ; et pour l'autre aussi, qu'il rougira davantage, à mesure que ses rayons deviendront plus obliques. Les tons changent. J'aurais un certain coucher de soleil, peut-être celui-ci par un beau jour, une boule de feu qui descend dans une poussière d'or : cette poussière devient violette, et la boule rougit, devient lie-de-vin. Le coucher dans l'eau sous les ponts. Ensuite, d'autres couchers, toute la série. La pluie, les nuages, le gris, etc. Les saisons* »[13]. Sous l'impact de la lumière, l'environnement paysager apparaît serein et apaisant : « *un soleil de juillet flambait au milieu du ciel ; l'air semblait plein d'une gaieté brûlante, aucun frisson de brise ne remuait les feuilles des saules et des peupliers* »[14], peut-on lire dans l'œuvre de Maupassant. Si la lumière s'est avérée matière de l'Impressionnisme et si elle a pu devenir liquide en flottant (comme dans *Les soirées de Médan*[15]), elle s'avère aussi l'un des facteurs de combat contre l'insalubrité associé depuis le Romantisme social – dans la littérature populiste et le discours politique de ce premier tiers de XXème siècle – au risque pathogène des milieux populaires zoniers et urbains.

C. LE LUXE DE L'ART DECO AU SERVICE DE L'HUMANISME

Sous l'influence de la politique du Front Populaire, l'action conjointe de Jean Zay (ministre de l'Education nationale) et Léo Lagrange (sous-secrétaire d'Etat à la Jeunesse, aux Sports et aux Loisirs) insuffle une dynamique culturelle « humaniste » tout à fait novatrice et visant à faire progresser la condition ouvrière : un programme augmentant d'un an la limite d'âge de l'obligation scolaire (14 ans au lieu de 13), favorisant les loisirs de plein air (par la création du billet de chemin de fer annuel, dit « de congés payés » à tarif réduit)[16]. Des mesures sont prises, convergeant vers le bien-fondé du sport (qui génère une évolution du « corps objet » en « corps sujet »[17]) et accélérant sa propagation. L'Ecole normale d'éducation physique et sportive (dont la finalité est la formation des cadres) ouvre ainsi ses portes en 1933 et un arrêté du 22 mai 1937 prévoit des semi-journées de plein air. Les auberges de jeunesse (dont la Ligue française a été fondée, en 1929, par Marc Sangnier) sont, à l'époque du Front populaire, au nombre de 300 et accueillent, en 1939, plus de 40 000 adhérents. « *Mais, à côté de la pure amitié, se marquent alors, des desseins plus politiques au sens le plus meilleur et le plus large du mot* », remarque Maurice Crubellier. Selon lui, le ministre Léo Lagrange espère que les auberges de jeunesse unissent dans un lien de proximité, « *les différents éléments de la jeunesse* » rapprochant « *le jeune ouvrier du jeune intellectuel, le jeune paysan du jeune ouvrier* », percevant dans cette osmose, la pérennité de la pensée de Marc Sangnier dont l'objectif était que les auberges de jeunesse « *coopèrent à la réconciliation entre les peuples* »[18].

En prenant appui, au XIXème siècle, sur une discipline du corps et sur le pouvoir politique, les hygiénistes ont voulu faire naître un nouveau type de rapport au corps vivant, souhaité élément non perturbateur (et, donc, non « moteur » de révoltes sociales) d'un vaste corps collectif. Dans une société dominée par la montée du capitalisme et « l'utilitarisme », une éthique de travail centralisait les forces énergiques vers la production rationalisée et la notion paternaliste de contrôle social. La gestion des loisirs en territoires industriels laisse donc entrevoir, au début du XXème siècle, une idée latente d'intérêt des pouvoirs (économique, social...) sur les actions spontanées de la jeunesse[19], comme le rappelle Maurice Crubellier (relatant, à ce propos, l'initiative des compagnies houillères du Pas-de-Calais à travers une citation de C. Grauwin) : « *Les sociétés minières ont toujours vu d'un œil bienveillant ces sortes d'exercice qui fortifient le corps et assouplissent les membres* »[20]. Dans le même contexte qui prévoyait également une aide pour les associations musicales et chorales, la Société des mines de Liévin mettait à disposition des pratiquants, espaces et perches utiles aux trois sociétés d'archers, primait de prix les concours du 14 juillet [21]. La notion de communauté harmonieuse (ciblant des intérêts solidaires) va donc, jusqu'à la Première Guerre mondiale, s'efforcer d'accroître ce désir d'unité nationale pour non seulement, limiter toute tension et donc, tout conflit sociétal interne, mais aussi, raffermir le corps et donner le goût du dépassement de soi. Vantant les mérites du sport qui rend persévérant, une éducation patriotique est alors, le reflet d'une volonté politique basée sur une codification à visée militaire et en prévision de la Grande Guerre.

Avec le Front populaire, la notion de sport loisir couplé au plaisir prend tout son sens. L'accès à la culture populaire, aux loisirs et donc, aux sports, conforte en effet, pour les populations moins nanties, la sensation de goûter au luxe et à la jouissance d'un bien-être existentiel jusqu'alors réservé à l'élite, voire à la bourgeoisie[22]. Se basant sur les vertus purificatrices du soleil et de l'eau, la piscine de Roubaix concilie décor, clarté et modèle d'identification, à travers un discours architectural idéologique qui tente d'estomper les clivages au profit de l'hygiène et du progrès social. Sa monumentale galerie côtoie des « *balustrades géométriques ajourées* », frises décoratives et mosaïques. Emblème également des équipements sportifs de la région « Nord-Pas-de-Calais » nés de la politique du « Front populaire », la piscine de Bruay-la-Buissière (ex « Bruay-en-Artois ») symbolise bien cette politique, de faire accéder à l'hédonisme du sport, les mineurs de la cité. Inaugurée le 1er août 1936 (année où le temps libre est synonyme de congés payés), cette piscine – conçue dans le style « paquebot » en vogue (dont une bichromie de bleu et de blanc renforce l'image marine) – a été réalisée par l'architecte Paul Hanote. Dotée de trois bassins (dont un grand, en béton armé), elle peut accueillir 600 personnes et s'ordonnance au cœur d'un complexe sportif intégrant un stade.

La mosaïque est très présente, en tant qu'élément décoratif de ces piscines. Mais, outre les qualités esthétiques de la mosaïque que nous avons précédemment développées, il convient de noter que ce support créatif – apposé sur une façade ou sur un mur – est une matière fort hygiénique, dans la mesure où elle autorise un nettoyage non mesuré, « à grande eau »…

La céramique – qui assure, entre autres, la protection de ce nouveau matériau qu'est le béton – peut être indifféremment réalisée sous forme de cabochons (rythmant ainsi la façade de l'immeuble berruyer des ex « Bains-douches » (construits en 1928, sous l'impulsion du maire, Henri Laudier) ou en carreaux (carreaux en grès de La Borne, cuits au bois et réalisés par Armand Bedu, pour orner des « vespasiennes » aménagées en 1930, près de la Pyrotechnie, à Bourges).

CONCLUSION

Comme nous avons pu l'observer, du phénomène de rupture, a pu émerger une forme de renaissance créative, portée par l'avènement de l'Art Déco (firmament d'une continuité de démarches conceptuelles et d'expériences plastiques). En réaction contre l'ordre institutionnalisé, l'art européen formel avait déjà, avant la Grande Guerre, été pulvérisé au profit de la représentation subjective d'objets aux formes déstructurées, parcellisées, limitées à des configurations géométriques, voire la représentation d'une surface sans objet[1]. Tout à fait symbolique de cette espérance de créativité née de la rupture, la toile *Potsmader Platz* (1914) de Ernst Ludwig Kirchner [2], laisse de manière sous-jacente, augurer par le choix de ses codes, un souffle expressif nouveau. Opposé aux constructions plastiques des personnages en oblique (simulant une instabilité) qui traversent – de guingois – cette place berlinoise traditionnellement très prisée, le positionnement des aiguilles de la grande horloge sur minuit (heure à connotation « spectrale » dans l'imaginaire collectif) peut être perçu également, synonyme d'« heure zéro » induisant la confiance en un changement radical et donc, l'attente « d'une nouvelle aire » qui semble se profiler [3].

Les formes naturelles sont supposées être limitatives de l'expression artistique ; comme le souligne Kandinsky, une surface sans objet devient donc, avec l'abstraction, un espace libéré – « *utilisé pour l'objectif de la forme*[4] » – optimisant la construction au service de la composition[5]. « *Etant l'une des formes de transition, le cubisme, par exemple, montre à quel point les formes naturelles doivent être soumises par la force aux buts constructifs et quels obstacles inutiles ces formes représentent dans de tels cas* »[6]. Idéalisant – à l'issue du barbarisme de la Première Guerre mondiale – une société humaniste et un pacifisme restructurant, des écrivains, artistes

– français et allemands – vont croire en cette quête de renouveau. Peaufinée – après ce premier conflit mondial – par l'avant-garde, la déconstruction dénonciatrice des horreurs de la guerre, repose sur un message de modernité incarné par une esthétique de l'abstraction et des optiques plastiques à l'opposé de l'art bourgeois.

« *Ordonnateur de la cité* », l'architecte « *se croit appelé à la mission d'imposer aux citoyens* », un « *ordre esthétique* » impliquant en même temps, un « *ordre social* » et un « *ordre moral* »[7]. Refoulant l'existant, des artistes, des décorateurs, des architectes vont ainsi parfois, coupler leur fascination pour le concept novateur de « machine » (conjugué à l'esthétique prônée par le mouvement *De Stijl*) à leur intérêt pour l'abstraction. Aboutissant au « Second cubisme » (à partir de 1920), ces recherches faciliteront cependant, l'émergence d'œuvres combinant peinture et sculpture : des « reliefs polychromes » à visée décorative et perçus comme une amorce de l'Art Déco. Les éléments constructeurs de ce style « Art Déco » ne sont pas, non plus, sans rappeler la démarche architecturale d'Otto Wagner, préfigurant au tournant des XIXème et XXème siècle, un modernisme sans équivalence. En effet, Otto Wagner mûrit des concepts architecturaux – dont la célèbre banque viennoise « Osterr-Postsparkasse » est la concrétisation – s'appuyant sur la planéité des surfaces extérieures et l'épuration formelle que sophistique cependant, le choix des plaquages de matières telles de fines plaques de marbre. Les clous sont, dans l'exemple de cette création viennoise, apparents en façade : une option qui, à la fois, affiche dans un esprit fonctionnaliste, le rôle de ces rivets dans la consolidation de la structure et, selon certains critiques d'art, métamorphose ces clous géants en objets décoratifs, puisant dans les références du « bossage » Renaissance... Considérant que l'œuvre d'art doit être le miroir de son temps, Otto Wagner – dans une dimension prémonitoire de l'Art Déco – use pour cette banque très futuriste, de nouveaux matériaux : l'aluminium pour les bouches de chauffage central (qui, dans un rapport à l'esthétique, se dressent à la façon de monolithes afin de briser le dépouillement visuel de l'espace), l'utilisation de la céramique colorée qui rompt avec les surfaces monochromes. Pour Otto Wagner (comme plus tard, les défenseurs de l'Art Déco), « *la couleur est un signe* » [8]....

Dans un contexte marqué par les blessures de la Grande Guerre (qui ont meurtri physiquement, moralement, les humains et dénaturé les paysages, déstructuré les villes) mais aussi porteur de promesses techniques, l'Art Déco s'élabore, se construit sur les bases d'un renouveau culturel piloté par l'impact des prouesses techniques et de cette notion de « mouvement » : une notion de mouvement à laquelle fut déjà sensible le visionnaire Otto Wagner, en imprimant le sol d'une salle de « l'Österreichische Postsparkasse », d'un marquage linéaire guidant la circulation.

Sous l'influence des nouveaux courants, l'Art Déco va se substituer aux luxuriantes décorations Art Nouveau, en dotant les villes de villégiature à la mode, les cités détruites ou les villes pilotes d'expériences industrielles avant-gardistes, de son esthétique de l'épuration des formes que servent de nobles matériaux. La géométrisation est de mise, rappelant ainsi, le discours de Kandinsky, à propos de l'image allégorique de l'impact sociétal de ces « êtres abstraits » que sont le cercle, le triangle, le losange, le trapèze : autant de figures qui apparaissent comme « *des formes citoyennes, égales en droits, du royaume de l'abstrait* »[9]. L'abstraction sert ce désir ardent de liberté qui plane sur la nouvelle société de l'après-guerre.

Dans le mouvement « Art Déco », l'abstraction ne renonce cependant pas à l'objet. En référence aux théories de Kandinsky, l'abstrait gagne – comme l'énonce le peintre – en résonance mais, combiné ici, à un élément organique avec sa résonance intérieure propre, il apparaît comme le reflet du principe que « l'organique soutient l'abstrait » [10]. Liée aux fabrications de masse (qui mettent dorénavant à la portée de tous, ces nouveaux produits issus de la mouvance Art Déco), la publicité des années 30 est, en effet, tout à fait révélatrice de ce principe, dans la mesure où elle use pour l'écriture scripto-visuelle de ses affiches, de ces fameux « êtres abstraits » précités par Kandinsky : des formes géométrisées qui servent « l'objet réel » et qui, à partir d'une dynamique de simplification, forgent pour la marque et la matérialité de ses produits, une image mémorielle moderne, croisant unité et harmonie. C'est par exemple, le cas de Citroën et de ses doubles chevrons (dès 1931), de Renault (à partir de 1925) qui choisit de substituer au cercle de son logo, la forme d'un losange. « Nicolas » se singularisera aussi dans l'univers publicitaire de cette époque, en confiant en 1928 l'illustration de son catalogue aux peintres les plus renommés. Dans ce monde de la publicité en mutation, la libre interprétation graphique donne tout son sens à cette notion d'abstraction et de géométrisation libératrices des permanences académiques et de l'ancrage de « l'imagerie populaire » dans la mesure où « *l'identification d'une entreprise n'était pas assujettie à une sévère discipline d'application des normes* » [11].

Après avoir été d'abord un style élitiste (ayant recours aux matières les plus prestigieuses et au service de structures ou d'équipements « vitrines ») pour une cible socio-culturellement, économiquement, affranchie, l'Art Déco élargit son rôle émancipateur en se développant notamment dans les villes gérées par une municipalité sensible aux règles de la modernité, de normalisation et de progrès préconisés par les réformateurs sociaux. L'Art Déco va donc devenir un mouvement qui s'adaptera à la volonté de construire selon des critères d'optimisation humaniste des intérêts spirituels du citoyen : une transformation de l'être que tentera de faciliter sur le mode utopique, l'œuvre fonctionnaliste (l'harmonie entre technique artistique et procédés de la nature).

NOTES

INTRODUCTION

(1) « Le climat politique, social et spirituel », *Les Sources du XX*^{ème} *siècle*, in Pierre J., *L'Univers symboliste*, Paris, Somogy, 1991, p. 309.
(2) *Ibid.*
(3) *Ibid*, p. 296.

CHAPITRE I

(1) Nourrisson D., « Vitesse, Ecriture, Société », in *Corps en mouvement*, Saint-Etienne, Publications de l'Université de Saint-Etienne, 1996, p. 44.
(2) *Le Figaro*, 20/2/1909.
(3) Pépin C., « Les futuristes italiens », in www.grande-guerre.og
(4) Marinetti F.T., « Fondation et manifeste du futurisme » (1909).
(5) Berstein S. et Milza P., *Histoire de la France au XX*^{ème} *siècle*, Bruxelles, Editions Complexe, 1995, p. 202.
(6) Blaise C., *La main coupée*, Lausanne, Le Livre du mois, 1960, p. 30.
(7) Dorgelès R., *Les croix de bois*, Paris, Albin Michel, 1925, pp. 199-200.
(8) www.art-wwl.com
(9) Heuré G., « Stéphane Audoin-Rouzeau et Jean Rouaud », in *Télérama*, n° 3069, 8 au 14/11/2008, p. 26.
(10) Otto Dix, *Gesehen am Steilang von Cléry-sur-Somme* ou *Sur les pentes de Cléry-sur-Somme,* 1924, Historial de la Grande Guerre, Péronne.
(11) Otto Dix, *Lichtsignale* ou *Signaux lumineux*, 1917, Städtische Galerie, Albstadt.
(12) Otto DIx, *Malhzeit in der Sappe* ou *Le Repas dans la sape*, 1924, Deutsches Historisches Museum, Berlin.
(13) www.art-ww1.com
(14) Heuré G., « Stéphane Audoin-Rouzeau et Jean Rouaud », in *Télérama*, n° 3069, 8 au 14/11/2008.
(15) Renouvier C., *Victor Hugo, le philosophe* (conclusion), Paris, A. Colin (s.d), pp. 369-370.

(16) Félix Vallotton, *Les barbelés*, 1916, Galerie Paul Vallotton, Lausanne.
(17) William Orpen, *Thiepval*, 1917, Imperial War Museum, Londres.
(18) www.art-wwl.com
(19) Peter Anselm Riedi, « Kandisky », in *Grands peintres*, n°36, Paris, Hachette, 24 au 31 janvier 1967.
(20) Kandinsky W., « Rückblicke », in *ibid.*
(21) Fernand Léger, *Sur la route de Fleury, deux morts*, 1916.
(22) Fernand Léger, *Le soldat à la pipe* (1916) ; *La partie de cartes* (1917).
(23) Tadini E., « F. Léger », in *Grands peintres*, Paris, Hachette, n° 58.
(24) André Mare, *La tranchée de Zillebecke, bois du sanctuaire*, 1916, Carnet 5, aquarelle, Historial de la Grande Guerre, Péronne.
(25) www.evene.fr
(26) *Ibid.*
(27) Rivière J. *L'Allemand*, p. 210, in www.fr.wikipedia.org/Prisonniers_de_guerre_de_la_Première Guerremondiale.

CHAPITRE II

(1) Berstein S. et Milza P., *Histoire de la France au XXème siècle*, Bruxelles, Editions Complexe, 1995, p. 218.
(2) Reinhard M. (sous la dir. de), *Histoire de France*, T. II, Paris, Larousse, sd., p. 429.
(3) Berstein S. et Milza P., *Histoire de la France au XXème siècle*, Bruxelles, Editions Complexe, p. 219.
(4) Reinhard M. (sous la dir. de), *Histoire de France*, T. II, Paris, Larousse, sd, p. 429.
(5) Berstein S. et Milza P., *Histoire de la France du XXème siècle*, Bruxelles, Editions Complexe,1985, p. 220.
(6) Bertrand Lorqui, Propos recueillis par Nathalie Junguman.
(7) Gropius W., Manifeste du Bauhaus.
(8) *Ibid.*
(9) Rield P.A., « Kandinsky », in *Grands Peintres*, n° 36, Paris, Hachette, 1967.
(10) *Ibid.*
(11) *Ibid.*
(12) *Ibid.*
(13) www.chateau-gourdon.com

(14) Tadini E., « Fernand Léger. Une structure picturale fonctionnant comme une machine », in *Grands Peintres*, n° 58, Paris, 1967.
(15) *Ibid*
(16) Deckard G., « Léger et la peinture dans l'architecture », in *Grands Peintres*, n° 58, Paris, 1967.
(17) Gilloux M., « Fernand Léger et le spectacle » (7/9/1995), in www.humanite.fr
(18) Robert Delevoy, cité in Deckard G., « Léger et la peinture dans l'architecture », in *Grands Peintres*, n° 58, Paris, 1967.
(19) www.artemis.jussieu.fr
(20) *Ibid.*
(21) Lista G., Etude au catalogue sur « Léger, scénographe et cinéaste », cité par Guilloux M., « Fernand Léger et le spectacle », in www. humanite.fr
(22) Cité par un critique contemporain, in Guilloux M., « Fernand Léger et le spectacle », in www.humanite.fr

CHAPITRE III

(1) *Chroniques du cinéma*, Ed. Chronique, Boulogne-Billancourt, 1992.
(2) *Ibid.*
(3) *Ibid.*
(4) *Ibid.*
(5) Nochlin L., *Les politiques de la vision*, Nîmes, Editions Chambon, 1995, p. 100.
(6) Banville, « Daumier », 17/2/1879, in *Critiques*, choix et préface de Victor Baurucand, Charpentier, 1917, p. 149, cité par Voisin-Fougère M.A., « Le sérieux et la feinte. Le bourgeois dans la littérature réaliste », in *Romantisme*, n° 87, Paris, CDU/SEDES, 1995-1, p. 4.
(7) *Don Juan et Faust*, de Marcel L'Herbier (1922).
(8) www.cinema.expressionnisme.bifi.fr
(9) *Ibid.*
(10) Das Kabinett des Dr Caligari (1919), de Robert Wiene.
(11) Propos d'Henri Langlois, 1956.
(12) Betton G., *Histoire du cinéma*, Paris, PUF, Coll. « Que sais-je ? », 1984, p. 15.
(13) Cité par Eisenschitz B., « De l'autre côté de l'écran », in www.cinematheque.fr
(14) Tulard J., *Dictionnaire du cinéma*, Paris, Robert Laffont, 2007, p. 596.

(15) www .encarta.msn.com
(16) *Ibid.*
(17) Tsékénis A., « Le Fonds Lucien Aguettand : histoire et défense du décor », in www.bifi.fr
(18) Server L., *L'âge d'or des paquebots*, MLP Editions, 1998, p. 10.
(19) *Paris-New York*, film d'Yves Mirande (1940).
(20) Berstein S. et Milza P., *Histoire de la France au XXème siècle*, Bruxelles, Editions Complexe, 1995, p. 314.
(21) *Ibid.*
(22) *Ibid.*
(23) Fraigneau A., « Plaisirs de croisière », in *Le Figaro illustré*, mai 1932, p. 264.
(24) Fraigneau A., « Les croisières sont de plus en plus à la mode », in *Le Figaro Illustré,* mai 1932.
(25) *Ibid.*
(26) *Ibid.*
(27) *Ibid.*
(28) Fraigneau A., « Plaisirs de croisière », in *Le Figaro Illustré,* mai 1932.
(29) Corbin A., *L'avènement des loisirs, 1850-1960,* Paris, Aubier, 1995, p. 63.
(30) www.aroots.org

CHAPITRE IV

(1) Corbin, *L'avènement des loisirs, 1850-1960*, Paris, Aubier, 1995, p. 64.
(2) Fedorovski V., *L'Histoire secrète des Ballets Russes*, Succès du Livre, 2005, p. 59.
(3) *Ibid*, p. 125.
(4) *Ibid*, p. 126.
(5) *Ibid.*
(6) *Ibid.*
(7) *Ibid.*
(8) *Ibid*, p. 8.
(9) « 1918, la victoire des femmes », Musée de l'Artillerie, Draguignan, 23/6/2008 au 12/11/2008.
(10) www.wikipedia.org/wiki/garçonne
(11) Zola E., *L'Œuvre*, Paris, Gallimard, 1983, p. 68.
(12) *Elle s'était fait couper les cheveux*, chanson de Drenan.

(13) Berstein S. et Milza P., *Histoire de la France au XXème siècle*, Bruxelles, Editions Complexe, 1995, p. 323.
(14) Dhommee L., « Dietrich, Gaebo, Hepburn : trois stars travesties dans l'Amérique de la Dépression », in *Clio, Histoire, femmes et sociétés*, 10/1999, www.clio.revues.org
(15) Beauplan R. (de), "Parisiennes du vaste monde", in *L'Illustration*, n° 4531.
(16) Frantz-Reichel, *Le Figaro illustré*, mai 1932, p. 266.
(17) *Ibid.*
(18) *Ibid.*
(19) *Ibid.*
(20) *Ibid.*
(21) *L'Illustration*, n° 4538, 22/2/1930, p. 202.

CHAPITRE V

(1) Corbin A, *L'avènement des loisirs (1850-1960)*, Paris, Aubier, 1995, p. 67.
(2) Dellorde M., « Confort et frivolités », in *Le Figaro Illustré*, septembre 1932.
(3) Pélichet E., *La céramique Art Déco*, Lausanne, Editions du Grand Pont, 1998, Paris, La Bibliothèque des Arts.
(4) *Ibid.*
(5) *Ibid.*
(6) Lécuyer R., « Le XXIIème Salon des Artistes Décorateurs, in *Le Figaro Illustré*, juin 1932.
(7) Comtesse de Sédouy, « Comment on défend les créateurs français : une visite chez Montecourt », in *Le Figaro Illustré*, mai 1932.
(8) Mourey G., « L'harmonie dans nos intérieurs », in *L'Illustration*, n° 4531, 4/1/1930.
(9) *Ibid.*
(10) *Ibid.*
(11) Lécuyer R., « Le XXIIème Salon des Artistes décorateurs », in *Le Figaro Illustré*, juin 1932.
(12) *Ibid.*
(13) *Ibid.*
(14) *Ibid.*
(15) Mourey G., « A great French Craftman », cité in Bayer P. et Waller M., *René Lalique*, Paris, Editions Saint-André des Arts, Maxi-Livres 2002 (édition française) , p. 48.

(16) Baschet J., « Le modernisme de Cécile Sorel », in *L'Illustration*, n° 4540, 8/3/1930, p. 313.
(17) *Ibid*, p. 314.
(18) Zola E., *L'Oeuvre*, Paris, Gallimard, 1983, p. 66.
(19) Zola E., *Notes préparatoires à L'Oeuvre* (notes Paris), B.N., Nr Fr, 10 316 f°s 425 à 435.
(20) Pierre J., *L'Univers symboliste*, Paris, Somogy, 1991, p. 169.
(21) *Ibid*, p. 306.
(22) *Ibid*, pp. 307-308.
(23) *Ibid*, p. 308.
(24) Bayer P. et Waller M., *René Lalique*, Paris, Editions Saint-André des Arts, p. 48.
(25) *Ibid*, pp. 48-49.
(26) *Ibid*, p.125.
(27) Vane Percy, *The Glass of René Lalique*, cité in Bayer P. et Waller M., *René Lalique*, p. 125.
(28) *Ibid.*
(29) Nourrisson D., « Vitesse, Ecriture, Société », in *Corps en mouvement*, Saint-Etienne, Publications de l'Université de Saint-Etienne, 1996, p. 44.
(30) *Ibid.*
(31) Vase Borromée, Lalique.
(32) Bayer P. et Waller M., *René Lalique*, Paris, Editions Saint-André des Arts p. 38.
(33) *Bulletin du Comité Central Technique des Arts Appliqués et des Comités Régionaux*, n°3, 1917.
(34) *Art et Décoration,* 1937.
(35) *Le Figaro Illustré*, 1932.
(36) *La Gazette de l'Hôtel Drouot*, n°11, 17 mars 2006, p. 53.
(37) *Ibid.*
(38) *La Dépêche du Berry*, 20/6/1930.
(39) *La Dépêche du Berry*, 29/6/1930.

CHAPITRE VI

(1) www.s99.middlebury.edu
(2) Guernier E.(sous la dir. de), *Afrique Occidentale Française*, T. II, Paris, Encyclopédie Coloniale et Maritime, 1949, p. 108.
(3) Pierre J., *L'Univers symboliste*, Paris, Somogy, 1991, pp. 300-302.
(4) Larbodière J. M., *Paris, Art Déco*, Paris, Massin Editeur, p. 8.
(5) *Ibid*, p. 14.

(6) *Ibid*, p. 8.
(7) Pierre J., *L'Univers symboliste*, Paris, Somogy, 1991, p. 305.
(8) *Ibid.*
(9) *Ibid.*
(10) Bourin J., *La Rose et la Mandragore*, Paris, Editions François Bourin, 1990, p. 162.
(11) *Ibid.*
(12) *La Dépêche du Berry*, 20/6/1930.
(13) *La Dépêche du Berry*, 23-24/6/1930.
(14) Le Corbusier, *L'Urbanisme*, Paris, Arthaud, 1980.
(15) *Beaufrère, Six années au service de Vierzon.*
(16) *Ibid.*
(17) Prévert J., « L'effort humain », in *Paroles*, Paris, Gallimard, 1949, p. 98.
(18) Aragon L., *Les Cloches de Bâle*, Paris, Denoël, 1934.
(19) Cité par Guiheux A., « L'ordre de la brique », in Mignot C., « La chair de l'architecture », in *Critiques*, janvier-février 1987, n° 476-477.
(20) Mignot C., « La chair de l'architecture », in *Critiques*, janvier-février 1987, n° 476-477.
(21) *Bulletin municipal officiel de la Ville de Bourges*, janvier-mars 1935, Archives CRMH-mémoire, Maison de la Culture de Bourges, 1983.
(22) Le Corbusier, *Vers une architecture*, Paris, Editions Vincent et Fréal, 1958, p. 3.
(23) Flamand J. P., *Loger le peuple*, Paris, Editions La Découverte, 1989, p. 216.

CHAPITRE VII

(1) *La Dépêche du Berry*, 23-24/6/1930.
(2) Bruno G., *Le tour de France par deux enfants*, Paris, Librairie classique Belin, 1988, p. 96.
(3) Henrivaux J., *La verrerie depuis vingt ans*, Paris, Editions Bernard, 1894, p. 53.
(4) Honoré F., « Les agrandissements de la gare de l'Est », n° 4543, 29/3/1930, p. 420.
(5) *L'Illustration*, 1930.
(6) Vigarello G., *Le propre et le sale*, Paris, Seuil, 1985, p. 235.
(7) Morin E., *Le trésor médical de la femme*, Paris sd (vers 1905, p. 366, cité in Vigarello G., *Le Propre et le sale*, Paris, Seuil, 1985, p. 235.
(8) Vigarello G., *Le propre et le sale*, Paris, Seuil, 1985, p. 235.

(9) Moll-Weiss, *Le livre du foyer*, Paris, 1910.
(10) Vigarello G., *Le propre et le sale*, Paris, Seuil, 1985, p. 239.
(11) *Ibid.*
(12) Courtois M.C., « Un musée exceptionnel à Roubaix », in *Univers des Arts*, Hors-série, n° 15, novembre 2008.
(13) Zola E., Notes préparatoires à *L'Œuvre* (Notes Paris), BN, Na Fr, 10 316 f°s 425 à 435.
(14) Maupassant G. (de), *La Maison Tellier* (« La femme de Paul »), Paris, Gallimard, 1973, p. 208.
(15) Zola E. et *alii*, *Les soirées de Médan*, Paris, Grasset, 1955.
(16) Berstein S. et Milza P., *Histoire de la France au XXème siècle*, Bruxelles, Editions Complexe, 1995, p. 500
(17) Crubellier M., *L'enfance et la jeunesse dans la société française, 1800-1950*. Paris, Armand Colin, 1973, p. 204.
(18) *Ibid*, p. 324.
(19) *Ibid*, p. 323.
(20) I*bid*, p. 324.
(21) *Ibid.*
(22) Berstein S. et Milza P., *Histoire de la France au XXème siècle*, Bruxelles, Editions Complexe, 1995, p. 500.

CONCLUSION

(1) Hagen R.M. et R., *Les dessous des chefs-d'œuvre*, T. II, Köln, Taschen, 2003, p. 423.
(2) Ernst Ludwig Kirchner, *Potsdamer Platz* (1914).
(3) Hagen R.M. et R., *Les dessous des chefs-d'œuvre*, T. II, Köln, Taschen, 2003, p. 419.
(4) Kandinsky, *Du Spirituel dans l'art, et dans la peinture en particulier*, Paris, Denoël, 1989, p. 193.
(5) *Ibid.*
(6) *Ibid.*
(7) Pierre J., *L'Univers symboliste*, Paris, Somogy, 1991, p. 309.
(8) Otto Wagner, L'Oster Postsparkasse », ARTE, 24/12/2008.
(9) Kandinsky, *Du Spirituel dans l'art, et dans la peinture en particulier*, Paris, Denoël, 1989, p. 119.
(10) *Ibid.*
(11) Cauzard D., Perret J., Ronin Y., *Images de marques, marques d'images*, Paris, Ramsay, 1989, p. 80.

BIBLIOGRAPHIE

- ARAGON L., *Les cloches de Bâle*, Paris, Denoël, 1934.
- BAYER P. et WALLER M., *René Lalique*, 2002, Maxi Livres.
- BERSTEIN S. et MILZA P., *Histoire de la France au XXème siècle*, Bruxelles, Editions Complexe, 1995.
- BETTON G., *Histoire du cinéma*, Paris, PUF, Coll. « Que sais-je ? », 1984.
- BLAISE C., *La main coupée*, Lausanne, Le Livre du mois, 1960.
- BOURIN J., *La Rose et la Mandragore*, Paris, Editions François Bourin, 1990.
- BRUNO G., *Le tour de France par deux enfants*, Paris, Librairie Classique Belin, 1988.
- CAUZARD D., PERET J., RONIN Y., *Images de marques, marques d'images*, Paris, Ramsay, 1989.
- COLLECTIF, *Corps en mouvement*, Saint-Etienne, Publications de l'Université de Saint-Etienne, 1996.
- COLLECTIF, *Rites et rythmes de l'œuvre*, T. II, Paris, L'Harmattan, coll. « Logiques sociales », 2005.
- CORBIN A., *L'avènement des loisirs*, 1850-1960, Paris, Aubier, 1995.
- CROUVEZIER G., *La vie d'une cité, Reims, au cours des siècles*, Nouvelles Editions Latines, 1970
- CRUBELLIER M., *L'enfance et la jeunesse dans la société française, 1800-1950*, Paris, Armand Colin, 1973.
- DELEVOY R., *Fernand Léger*, Paris, Editions Skira, 1962.
- DELTOUR P., BON P., LETOURNEAU H., *Le temps d'ODYV, 1927-1940, La Manufacture Berlot-Mussier*, Monographie n°1, Musée Charles VII – Pôle de la porcelaine.
- DORGELES R., *Les croix de bois*, Paris, Albin Michel, 1925.
- ENCYCLOPEDIA UNIVERSALIS, France SA.
- FEDOROVSKI V., *L'Histoire secrète des Ballets Russes*, Succès du Livre, 2005.
- FLAMAND J. P., *Loger le peuple*, Paris, Editions de la Découverte, 1989.
- GUERNIER E. (sous la dir. de), *Afrique occidentale Française*, T. II, Paris, Encyclopédie Coloniale et Maritime, 1949.
- GROPIUS W., *Manifeste du Bauhaus*, avril 1919.
- HAGEN R. M. et R., *Les dessous des chefs-d'œuvre*, T. II, Köln, Taschen, 2003.

- HENRIVAUX J., *La verrerie depuis vingt ans*, Paris, Editions Berhard, 1894.
- KANDINSKY W., *Du spirituel dans l'art, et dans la peinture en particulier*, Paris, Denoël, 1989.
- LABORDIERE J. M., *Paris, Art Déco*, Paris, Massin Editeur.
- LE CORBUSIER, *L'Urbanisme,* Paris, Arthaud, 1980.
- LE CORBUSIER, *Vers une architecture*, Paris, Editions Vincent et Fréal et Cie, 1958.
- MARINETTI F. T., *Fondation et manifeste du Futurisme*, 1909.
- MAUPASSANT G. (de), *La Maison Tellier*, Paris, Gallimard, 1973.
- MOLL-WEISS, *Le Livre du foyer*, Paris, 1910.
- MORIN E., *Le trésor médical de la femme*, Paris, sd (vers 1905).
- NOCHLIN L., *Les politiques de la vision*, Nîmes, Editions Chambon, 1995.
- PAPIEAU I., *Les processus de représentations de la banlieue parisienne. Décodage de l'interaction d'une sociologie du savoir et de la genèse des productions esthétiques* (thèse de doctorat de sociologie), Université de Franche-Comté, 14 octobre 1998.
- PAPIEAU I., *La banlieue de Paris dans la bande dessinée*, Paris, L'Harmattan, Coll. « Logiques sociales », 2001.
- PAPIEAU I., *Le renouveau du merveilleux*, Paris, L'Harmattan, Coll. « Logiques sociales » (série « Etudes culturelles »), 2005.
- PELICHET E., *La céramique Art Déco*, Lausanne, Editions du Grand Rond-Point, « La Bibliothèque des Arts », 1998.
- PIERRE J., *L'Univers symboliste*, Paris, Somogy, 1991.
- PREVERT J., *Paroles*, Paris, Gallimard, 1949.
- REINHARD M. (sous la dir.de), *Histoire de France*, T. II, Paris, Larousse, sd.
- RENOUVIER C., *Victor Hugo, le philosophe*, Paris, A. Colin, sd.
- SERVER L., L'âge d'or des paquebots, MLP., 1998.
- TULARD J., *Dictionnaire du cinéma*, Paris, Robert Laffont, 2007.
- VERRET M., *La Culture ouvrière*, Paris, L'Harmattan, coll. « Logiques sociales », 1996.
- VIGARELLO G., *Le Propre et le sale*, Paris, Seuil, 1985.
- VILLE de VIERZON, *Le square Lucien Beaufrère* (plaquette).
- ZOLA E., *L'Œuvre,* Paris, Gallimard, 1983.
- ZOLA E. et *alii,*, *Les soirées de Médan*, Paris, Grasset, 1955.

ARCHIVES

- *Beaufrère, six années au service de Vierzon*, Archives départementales du Cher.

- Zola E., *Notes préparatoires à L'Œuvre* (notes Paris), B.N., Nr Fr, 10 316 f°s 425 à 435

CATALOGUE D'EXPOSITION

- « Allemagne, les années noires », catalogue de l'exposition organisée par la Fondation Dina Vierry et le Musée Maillol, 31 octobre 2007 au 4 féveier 2009.

REVUES

- *Art et Décoration*, 1937.
- *Beaux-Arts* Hors-série, « Vienne 1900, l'âge d'or de la peinture », O1 HS.
- *Bulletin du Comité Central Technique des Arts appliqués et des Comités Régionaux*, n° 3, 1917.
- *Bulletin municipal de la Ville de Bourges*, janvier-mars 1935, Archives CRMH-mémoire, Maison de la Culture de Bourges, 1983.
- *Clio, Histoire, Femmes et Sociétés*, 10/1999.
- *Critiques*, janvier-février 1987, n° 476-477.
- *Figaro Illustré*, mai 1932.
- *Figaro Illustré*, juin 1932.
- *Figaro Illustré*, septembre 1932.
- *Figaro Illustré*, novembre 1932.
- *Grands Peintres*, n° 36, Paris, Hachette.
- *Grands Peintres*, n° 58, Paris, Hachette.
- *Historia Spécial*, juin 1989.
- *La Gazette de l'Hôtel Drouot*, n° 11, 17 mars 2006.
- *L'Illustration*, n° 4528, 1930.
- *L'Illustration*, n° 4531, 1930.
- *L'Illustration*, n° 4540, 1930.
- *Romantisme*, n°87, Paris, CDU/SEDES, 1995-1.
- *Télérama*, n° 3069, 8 au 14/11/2008.
- *Univers des Arts*, H.S., n° 15, novembre 2008.

JOURNAUX

- *La Dépêche du Berry*, 20/6/1930.
- *La Dépêche du Berry*, 23-24/6/1930.

- *La Nouvelle République Dimanche*, 19/6/2008.
- *La Voix du Nord*, 30/7/2006.
- *Le Figaro*, 20/2/1909.

SITES INTERNET

- www.aroots.org/Chaise-Wassily-Marcel-Breuer
- www.art-ww1.com
- ww.artmis.jussieu.fr
- www.artroots.com
- www.bifi.fr
- www.draccentre.gouv.fr
- www.ceramique1900.com
- www.chateau-gourdon.com
- www.cinema.encyclopedie.personnalites.bifi.fr
- www.cinema.expressionniste.bibi.fr
- www.cinematheque.fr
- www.clio.revues.org
- www.encarta.mns.com
- www.europe1.fr
- www.evene.fr
- www.histoirepolitique.fr
- www.humanite.fr
- www.grande-guerre.org
- www.insecula.com
- www.isabelguerin.com
- www.lhemicycle.com
- www.lips.orf
- www.maisonapart.com
- ww.moulindelangladure.typepad.fr
- www.musee-marine.fr
- wwwmusee-orsay.fr
- www.olats.org
- www.s99.middlebury.edu
- www.wikipedia.org

FILMS

- *Das Kabinett des Dr Caligari*, film de Robert Wiene (1919).
- *Don Juan et Faust*, film de Marcel L'Herbier (1922).

- *J'accuse !*, film d'Abel Gance (1918).
- *Le diable au cœur*, film de Marcel L'Herbier (1928).
- *Le Vertige*, film de Marcel L'Herbier (1926).
- *L'homme du large*, film de Marcel L'Herbier (1920).
- *L'Inhumaine*, film de Marcel L'Herbier (1924)
- *Paris-New York*, film d'Yves Mirande (1940).

PEINTURES

- DIX O., *Gesehen am Stilang von Cléry-sur-Somme* ou *Sur les pentes de Cléry-sur-Somme*, 1924, Historial de la Grande Guerre, Péronne.
- DIX O., *Lichtsignale* ou *Signaux lumineux*, 1917, Städtische Galerie, Albstadt.
- DIX O., *Malhzeit in der Sappe* ou *Le repas dans la sape*, 1924, Deutsches Historisches Museum, Berlin.
- KIRCHNER E. L., *Potsdamer Platz*, 1914, coll. particulière en dépôt à la Nationalgalerie, Berlin.
- LEGER F., *Sur la route de Fleury, deux morts*, 1916.
- LEGER F., *Le soldat à la pipe*, 1916.
- LEGER F., *La partie de cartes*, 1917, Kröller-Müller Musem, Otterlo.
- ORPEN W., *Thiepval*, 1917, Imperial War Museum, Londres.
- MARE A., *La tranchée de Zillebecke*, bois du sanctuaire, 1916, carnet 5 (aquarelle), Historial de la Grande Guerre, Péronne.
- VALLOTTON F., *Les barbelés*, 1916, Galerie Paul Vallotton, Lausanne.

CHANSONS

- *Elle s'était fait couper les cheveux* (1924), de Vincent Telly et René Mercier.
- *La Tonkinoise*, paroles : Villard et Christiné – musique : Vincent Scotto.
- *Sous les palétuviers*, paroles : M. Simons – musique : H. Duvernois.

INDEX DES COMMUNES CITEES

TABLE DES MATIERES

Je remercie la Direction « Culture, Tourisme et Patrimoine » de la Ville de Bourges, le service « Patrimoine » de la Ville de Vierzon, la mairie de Foëcy, M. Paul-André Aubrun, Mme Anne-Marie Buytet, la société Porcelaines Philippe Deshoulières-Lourioux, le groupe Candy-Hoover, les Editions René Château, de leur aimable autorisation de publication des photographies relatives à leurs sites et œuvres.

Mes remerciements également au studio Morlet pour le traitement technique de ces photos.

L'HARMATTAN, ITALIA
Via Degli Artisti 15 ; 10124 Torino

L'HARMATTAN HONGRIE
Könyvesbolt ; Kossuth L. u. 14-16
1053 Budapest

L'HARMATTAN BURKINA FASO
Rue 15.167 Route du Pô Patte d'oie
12 BP 226
Ouagadougou 12
(00226) 76 59 79 86

ESPACE L'HARMATTAN KINSHASA
Faculté des Sciences Sociales,
Politiques et Administratives
BP243, KIN XI ; Université de Kinshasa

L'HARMATTAN GUINÉE
Almamya Rue KA 028
En face du restaurant le cèdre
OKB agency BP 3470 Conakry
(00224) 60 20 85 08
harmattanguinee@yahoo.fr

L'HARMATTAN CÔTE D'IVOIRE
M. Etien N'dah Ahmon
Résidence Karl / cité des arts
Abidjan-Cocody 03 BP 1588 Abidjan 03
(00225) 05 77 87 31

L'HARMATTAN MAURITANIE
Espace El Kettab du livre francophone
N° 472 avenue Palais des Congrès
BP 316 Nouakchott
(00222) 63 25 980

L'HARMATTAN CAMEROUN
Immeuble Olympia face à la Camair
BP 11486 Yaoundé
(237) 458.67.00/976.61.66
harmattancam@yahoo.fr

657100 - Juin 2016
Achevé d'imprimer par

1livre.com
du rêve à la réalité !

www.ingramcontent.com/pod-product-compliance
Lightning Source LLC
LaVergne TN
LVHW010947061026
849535LV00007B/2602
* 9 7 8 2 2 9 6 0 9 1 7 2 6 *